江苏省湖泊水生态系列丛书

高邮湖水生态系统

GAOYOUHU SHUISHENGTAI XITONG

胡晓东　徐季雄　主编

河海大学出版社
HOHAI UNIVERSITY PRESS
·南京·

图书在版编目(CIP)数据

高邮湖水生态系统 / 胡晓东，徐季雄主编. -- 南京 ：河海大学出版社，2024. 12. --（江苏省湖泊水生态系列丛书）. -- ISBN 978-7-5630-9504-9

Ⅰ. X832

中国国家版本馆 CIP 数据核字第 2024U6V026 号

书　　名	高邮湖水生态系统
书　　号	ISBN 978-7-5630-9504-9
责任编辑	卢蓓蓓
特约校对	李　阳
封面设计	徐娟娟
出版发行	河海大学出版社
地　　址	南京市西康路 1 号(邮编:210098)
网　　址	http://www.hhup.com
电　　话	(025)83737852(总编室) (025)83722833(营销部)
经　　销	江苏省新华发行集团有限公司
排　　版	南京布克文化发展有限公司
印　　刷	江苏凤凰数码印务有限公司
开　　本	718 毫米×1000 毫米　1/16
印　　张	6.75
字　　数	125 千字
版　　次	2024 年 12 月第 1 版
印　　次	2024 年 12 月第 1 次印刷
定　　价	78.00 元

编委会

主　　编：胡晓东　徐季雄

参编人员：王春美　张桂荣　郭刘超　吴沛沛
张　涵　李志清　杨源浩　尹子龙
丰　叶　许晟綦　林思群　邵　林
陈　丹

目　录

1　湖泊概况 …… 1

1.1　地理位置 …… 1

1.2　自然地理概况 …… 2

1.2.1　地质地貌 …… 2

1.2.2　历史演变 …… 2

1.2.3　水文气象 …… 3

1.2.4　出入湖水系 …… 4

1.3　社会经济概况 …… 4

1.4　湖泊功能定位 …… 5

1.4.1　防洪功能 …… 6

1.4.2　排涝功能 …… 6

1.4.3　水资源供给功能 …… 6

1.4.4　生态环境功能 …… 7

1.4.5　航运功能 …… 7

1.4.6　渔业养殖功能 …… 7

1.4.7　文化旅游功能 …… 7

1.5　资源开发利用情况 …… 8

1.6　滨水空间利用情况 …… 9

2　湖泊水环境特征 …… 12

2.1　水文特征 …… 12

2.1.1　降水量 …… 12

2.1.2　湖区水位 …… 13

2.1.3　出入湖流量 …… 14

2.2　水体理化特征 …… 14

2.2.1　湖区水体理化 …… 14

2.2.2　持久性有机污染物及抗生素赋存特征 …… 24

2.3　底泥营养盐含量 ······ 32

3　水生高等植物群落 ······ 35

3.1　种类组成 ······ 35

3.2　生物量与盖度 ······ 39

3.3　历史变化趋势 ······ 45

4　浮游植物群落 ······ 48

4.1　种类组成 ······ 48

4.2　细胞丰度 ······ 49

4.3　群落多样性 ······ 54

4.4　历史变化趋势 ······ 57

5　浮游动物群落 ······ 59

5.1　种类组成 ······ 59

5.2　密度和生物量 ······ 60

5.3　群落多样性 ······ 63

5.4　历史变化趋势 ······ 65

6　底栖动物群落 ······ 67

6.1　种类组成 ······ 67

6.2　密度和生物量 ······ 68

6.3　群落多样性 ······ 77

6.4　历史变化趋势 ······ 78

7　鱼类资源 ······ 80

7.1　种类组成 ······ 80

7.2　高邮湖鱼类多样性特征 ······ 83

7.3　高邮湖本土鱼类与外来鱼类特征 ······ 83

7.3.1　高邮湖本土鱼类特征 ······ 84

7.3.2　高邮湖外来鱼类特征 ······ 86

7.4 高邮湖经济鱼类生物量定量评估 …… 87
7.4.1 高邮湖经济鱼类识别 …… 87
7.4.2 经济鱼类生物量估计 …… 88

8 水生生物的环境响应特征 …… 90
8.1 浮游植物生物学指数 …… 90
8.2 浮游动物生物学指数 …… 91
8.3 底栖动物生物学指数 …… 92

9 湖泊水生态系统健康诊断 …… 96
9.1 现状总结 …… 96
9.2 保护对策及建议 …… 97

1 湖泊概况

1.1 地理位置

高邮湖地处淮河下游区，淮河入江水道的中段，北接淮河入江水道改道段，南抵六闸归江河道河口，东临里运河西堤，西为湖西丘陵地区并与安徽省天长市接壤(图 1.1)。

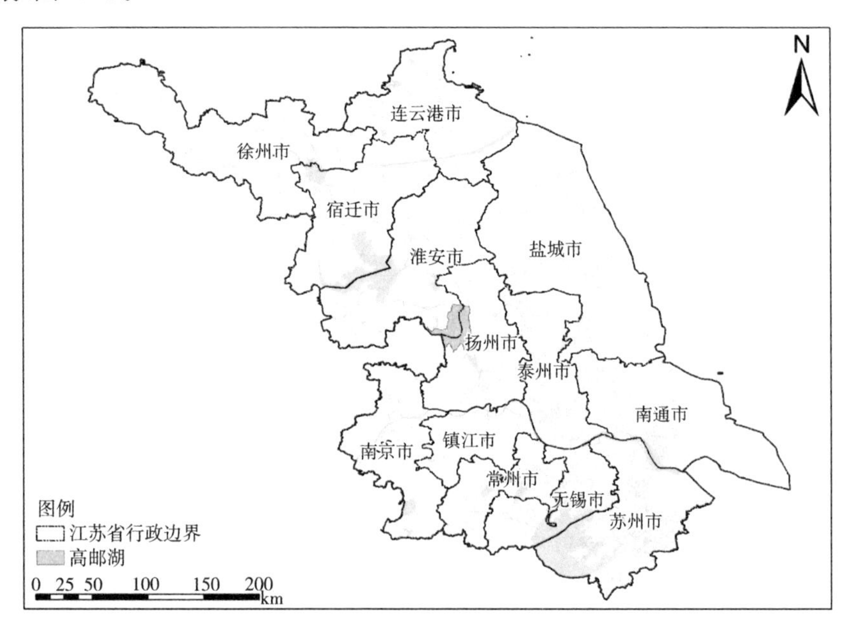

图 1.1 高邮湖地理位置参考图

高邮湖行政隶属主要为江苏省淮安市金湖县及扬州市宝应县、高邮市，高邮湖西部部分水域和陆域隶属安徽省天长市。高邮湖总面积 780[①] km^2，其中淮安

① 注：全书因四舍五入，数据存在一定偏差。

市金湖县境内面积 289.00 km^2，扬州市宝应县境内面积 8.40 km^2，扬州市高邮市境内面积 420.84 km^2。

1.2 自然地理概况

1.2.1 地质地貌

高邮湖沿线场地属扬子地层区，以元古代浅变质岩为基底，震旦纪以来的坳陷地带，沉积了一套完整的震旦系到中生界三叠系海陆相交替(海相为主)沉积地层。受印支运动、燕山运动等构造活动的影响，全区发生褶皱和断裂，沉积了碎屑岩层，并伴随岩浆活动。全区无基岩出露，均为巨厚的第四系所覆盖。晚更新世晚期和全新世的两次海侵几乎影响整个地区。上更新统陆相地层多为冲洪积的灰黄、棕黄、黄褐杂青灰色亚黏土、亚砂土，富含钙质结核，海相地层多为灰黑色淤泥质亚黏土、亚砂土与粉砂、细砂层，见海相贝壳，局部富集。全新世沉积物，早期是以冲湖积为主的亚黏土、亚砂土沉积，中、后期以湖相、海相、冲海相沉积为主。高邮湖附近场地浅层有淤泥质土分布。

1.2.2 历史演变

高邮湖属于河迹洼地型湖泊，系由河流演变而来。唐元和三年(公元 808 年)淮南节度使李吉甫筑平津堰，积为长堤，潴水渐多。高邮湖在成湖以前有许多湖荡，宋秦少游有诗云："高邮西北多巨湖，累累相连如串珠。三十六湖水所潴，尤其大者为五湖。"自南宋光宗绍熙五年(公元 1194 年)黄河大举夺淮，淮河故道淤浅，淮水逐渐改由高家堰(今洪泽湖大堤)东趋入海，泛滥于高邮湖地区，进而南下入江，并以湖西地区为壑，泥沙沉淀，湖盆日浅，湖滩扩大，使过去的一些小湖荡成为巨浸，形成高邮湖。邵伯湖本为东晋孝武帝太元十一年(公元 386 年)时所开挖的人工湖泊，因为黄河夺淮，洪水泛滥，湖面扩大，与高邮湖汇为一体。

明清时期，高邮湖、邵伯湖与北部的白马湖、宝应湖相互贯通，与里下河水系和长江水系相连。明万历二十四年(公元 1596 年)，为治理黄河水患，总河杨一魁分黄导淮，建武家墩闸、高良涧闸、周家桥闸，分水由宝应湖入高邮"五荡十二湖"(黄林荡、马家荡、聂里荡、三里荡、叉儿荡、新开湖、甓社湖、珠湖、五湖、平阿湖、七里湖、张良湖、鹅儿白湖、姜里湖、塘下湖、石臼湖、津湖)，经茅塘港入邵伯湖入江。由于宣泄不畅，洪水每每停滞在“五荡十二湖”，形成一个大的高邮湖。

新中国成立后，随着淮河下游淮河入江水道的全面治理，建成了三河拦河坝和大汕子隔堤，使淮河洪水由过去弯曲迂回经宝应湖再入高邮湖的状况，改由金沟改道段直接入高邮湖，并使高邮湖、宝应湖分开，实现了洪涝分治，同时建成了高邮湖控制线、归江控制线，蓄水期由高邮控制线分割为两湖分级蓄水控制，洪水期高邮湖、邵伯湖两湖连为一体。

1.2.3 水文气象

(1) 气候条件

高邮湖属淮河流域下游地区，位于南北气候过渡地带，气候温和，日照充足，雨量充沛，流域内气候主要受季风环流影响，具有寒暑变化显著、四季分明、雨热同季的气候特征，春季气温上升快，秋季天高气爽，昼夜温差大。冬季盛行来自高纬度大陆内部的偏北风，气候寒冷干燥；夏季盛行来自低纬度的太平洋的偏南风，气候炎热多雨。

区内光照充足，多年平均日照时数 2244 小时，平均日照率 51%。区内多年平均气温 14.0℃，年最高平均气温 15.0℃、最低平均气温 13.0℃，极端最高气温 39.5℃、最低气温−21.5℃。

区内年平均水面蒸发量 1 533 mm，除 7 月份外，全年各月蒸发量均大于月降水量，夏季蒸发量最大，冬季蒸发量最小，春季大于秋季。受季风影响，降水量季节性变化显著，冬季雨水稀少，夏季雨水集中(约占全年的 65%)，春秋两季雨水量基本相当，共占全年降水量的 20%，据统计年平均降水量约 941 mm，其中汛期 6—9 月降水量约 615 mm，占全年降水量的 65%。

高邮湖沿湖地区主要灾害性天气有旱涝、暴雨、寒潮、冰雹等，以旱涝灾害居多。

(2) 水文特征

高邮湖是淮河下游泄洪主要通道淮河入江水道的组成部分，主要承泄淮河中上游洪水及高邮湖、宝应湖、邵伯湖区域涝水，设计行洪流量 12 000 m^3/s。高邮湖湖区水位分别以高邮(高)水文站为代表站，水文特征如表 1.1 所示。

表 1.1 高邮湖水文特征表

项目	单位	高邮湖参数
湖泊面积	km^2	780.0

续表

项目	单位	高邮湖参数
一般湖底高程	m	4.00
最低湖底高程	m	3.50
死水位	m	5.00
设计洪水位	m	9.50
警戒水位	m	8.40
正常蓄水位	m	5.70
生态控制水位	m	5.10
历史最高水位	m	9.52(2003 年)
历史最低水位	m	4.00(1961 年)

1.2.4 出入湖水系

高邮湖地处淮河下游区，其入湖口以淮河入江水道改道段施尖处断面作为河湖分界，出湖口以归江河道分界高家圩处断面作为河湖分界。高邮湖、邵伯湖以新民滩上的高邮控制线为界，以上为高邮湖，以下为邵伯湖，行洪期间两湖连为一片，行洪后期两湖分别利用高邮控制线上的漫水闸及归江控制线上的运盐闸、金湾闸、太平闸、万福闸等控制蓄水。

高邮湖入湖水系主要为淮河入江水道改道段下泄的淮河洪水，此外，宝应湖退水闸相机分泄白马湖、宝应湖涝水，及沿湖排水入湖河道包括涂沟河、利农河、铜龙河（安徽）、沂龙河（安徽）、老白塔河（安徽）、白塔河（安徽）、秦栏河（苏皖界河）、状元沟等；出湖水系主要为新民滩高邮湖控制线上的杨庄河、毛港河、新港河、王港河、庄台河、深泓河。

1.3 社会经济概况

高邮湖地处江淮生态经济区核心区域，是江淮生态经济区水资源的主要载体之一，是江淮生态经济区防御洪涝灾害的安全屏障，也是江淮生态经济区生态环境的控制性要素，在江苏经济社会发展布局中战略地位突出。

高邮湖周边县市共涉及江苏省淮安、扬州两市的金湖、宝应、高邮 3 个县

(市、区)及安徽省滁州天长市,区域总面积 6 516 km²,其中耕地面积 493.92 万亩①。

高邮湖沿湖周边地区农业、渔业经济已成为区域重要经济来源,其中:农作物夏以小麦为主,秋以水稻为主,油料以油菜为主;渔业养殖以圈圩、围网养殖为主,养殖品种有大闸蟹、青虾等甲壳类以及青鱼、草鱼、鲢鱼、鳙鱼、鳊鱼、鳜鱼等鱼类。沿湖淮安市乡镇工业起步较晚,规模较小;扬州市乡镇工业起步较早,初具规模,其中高邮湖西新区形成了以光电产业、新型照明灯具、太阳能光伏、汽车零部件、电线电缆为主导的产业集群。高邮湖沿湖地区经过多年治理和发展,形成了具有一定规模的高产、稳产工业、农业及渔业经济,区内 2019 年地区生产总值 2 400.91 亿元,其中:第一产业增加值 246.12 亿元,第二产业增加值 1 226.51 亿元,第三产业增加值 928.29 亿元(表 1.2)。

表 1.2 高邮湖沿湖各县(市、区)社会经济情况现状统计表

序号	行政区	区域面积(km²)	耕地面积(万亩)	年末常住总人口(万人)	年末户籍总人口(万人)	地区生产总值(亿元)	第一产业增加值(亿元)	第二产业增加值(亿元)	第三产业增加值(亿元)
1	江苏省淮安市	1 378	122.78	33.24	34.59	325.12	44.38	135.39	145.35
①	金湖县	1 378	122.78	33.24	34.59	325.12	44.38	135.39	145.35
2	江苏省扬州市	3 384	222.72	150.73	168.23	1 551.64	165.64	766.15	619.85
①	宝应县	1 462	115.43	76.14	87.97	732.91	79.49	360.29	293.13
②	高邮市	1 922	107.29	74.59	80.26	818.73	86.15	405.86	326.72
3	安徽省滁州市	1 754	148.42	62.89	63.52	524.15	36.10	324.97	163.09
①	天长市	1 754	148.42	62.89	63.52	524.15	36.10	324.97	163.09
合计		6 516	493.92	246.86	266.34	2 400.91	246.12	1 226.51	928.29

备注:数据来源于沿湖各县(市、区)2019 年国民经济和社会发展统计公报。

1.4 湖泊功能定位

高邮湖是《江苏省湖泊保护条例》规定的省管湖泊之一,是淮河流域下游

① 注:1 亩≈666.7 m²。

高宝湖地区的区域性浅水湖泊，也是南水北调的过境湖泊，集防洪、排涝、水资源供给、生态环境、航运、渔业养殖和文化旅游等功能于一体。

1.4.1 防洪功能

依据《淮河流域综合规划》《淮河流域防洪规划》《江苏省防洪规划》，洪泽湖防洪标准应为300年一遇，设计洪水位16.0 m。洪泽湖及下游防洪保护区的近期防洪标准接近100年一遇，相应淮河下游入江水道、入海水道、灌溉总渠、分淮入沂总的设计泄洪能力达15 270～18 270 m^3/s，其中淮河入江水道设计行洪流量为12 000 m^3/s；远期洪泽湖防洪标准要提高到300年一遇，相应淮河下游入江水道、入海水道、灌溉总渠、分淮入沂总的设计泄洪能力达20 000～23 000 m^3/s。其中淮河入江水道设计行洪流量亦为12 000 m^3/s。

高邮湖地处淮河下游区、淮河入江水道的中段，作为淮河入江水道的组成部分，承泄淮河流域上、中游占总量66%～79%的洪水，设计行洪能力为12 000 m^3/s。高邮湖、邵伯湖东岸的运河西堤，自大汕子隔堤至邵伯船闸，与高水河西堤（邵伯船闸—运盐闸）相连，滨湖临河，是里下河广大地区的主要防洪屏障，保护面积1 726万亩，保护人口2 000万人，对沿岸地区防洪安全极其重要。

1.4.2 排涝功能

作为淮河入江水道的组成部分，高邮湖、邵伯湖通过沿湖及上游排涝泵站（包括石港泵站、金湖站）承泄淮河入江水道六闸以上区间6 633 km^2的涝水，包括三河南侧600 km^2、天长地区2 474 km^2、邵伯湖西432 km^2、高邮湖区900 km^2、邵伯湖区220 km^2、白马宝应湖地区1 977 km^2等。从六闸以上区间来水的特点来看，淮河入江水道上段除三河南侧有少量丘陵区直接汇入外，还有石港抽水站集中抽排的部分，其他沿线受到小型排涝泵站装机规模的控制，入流量有限，另有白马宝应湖地区通过石港抽水站抽入高邮湖或者相机通过宝应湖退水闸进入高邮湖。历次规划和目前调度运用上，都是通过三河闸控制，即当淮河入江水道高邮（高）水位达到9.5 m时，控制三河闸泄流，与区间水凑泄12 000 m^3/s。

1.4.3 水资源供给功能

高邮湖水资源供给主要包括沿湖周边农业灌溉需水及生态环境需水、湖泊水面蒸发、其他用水等，供水水源主要为上游来水（淮河过境水）、当地径流、湖泊调蓄利用量。其中:高邮湖供水范围包括金湖利农河补水区部分区域、高邮湖西补水区(湖西平原圩区及提水灌溉的丘陵区),利用水闸或泵站引提高邮湖水。

另外高邮湖亦是沿湖居民生活饮用水水源地及高邮城市应急备用水源地。其中:高邮湖岗板头附近为高邮湖西菱塘乡镇集中式饮用水水源地,供水规模5.0万 m^3/d;高邮清水潭对面为高邮湖马棚湾应急备用水源地,供水规模16.0万 m^3/d。

1.4.4 生态环境功能

高邮湖作为自然湿地生态系统的自然保护区及内陆湿地,具有丰富的生物资源和巨大的生态功能及效益,在保护生物多样性、维持生态平衡、调节湖区气候、降解污染物等方面发挥着重要作用。

作为江苏省西部丘陵湖荡屏障,高邮湖是《江苏省主体功能区划》中确定的"两横两纵"为主体的生态空间保护格局的重要组成部分,是《江苏省生态空间管控区域规划》中划定的国家级生态保护红线范围,是江苏省政府《"两减六治三提升"专项行动方案》提出的苏北苏中"三纵三横三湖"生态保护网的重要组成部分,也是国家大运河文化带和国家江淮生态大走廊核心区域的重要组成部分,具有不可替代的生态环境功能。随着生态文明建设推进,生态保护与修复及环境治理力度不断加强,高邮湖生态环境服务功能将进一步得到发挥。

1.4.5 航运功能

高邮湖及其沿湖地区水运资源丰富,航运功能显著。高邮湖航线(六级航道)从珠湖船闸进入高邮湖湖区至苏皖交界,再通过入江水道三河改道段沟通京杭运河与洪泽湖,是沟通江苏中部与安徽省东部的重要水上通道。

1.4.6 渔业养殖功能

高邮湖渔业资源十分丰富,历来是江苏淡水渔业的重要生产基地,也是经济水生动植物的重要种质资源库,是发展水产业的宝地。经过20世纪70—80年代对高邮湖、邵伯湖的综合开发,养殖(圈圩、围网养殖)渔业已成为高邮湖湖区经济的支柱产业,形成了江苏大型淡水商品鱼生产基地。

1.4.7 文化旅游功能

高邮湖历史文化积淀深厚,风光优美,自然和人文景观融为一体,旅游资源丰富，高邮湖湖东有老运河西堤、明清运河故道及万家塘、杨家坞、平津堰等众多历史文化遗址。随着区域社会经济的发展，对湖泊文化旅游休闲开发的需求越来越旺盛，高邮湖蕴涵的旅游资源将更多地被开发利用，在开发利用的同时应加强对传统湖泊水文化的挖掘和保护。

1.5 资源开发利用情况

高邮湖是沿湖地区乃至江淮生态大走廊区域重要的经济活动和生态保护空间，由于历史形成、发展观念、制度滞后等多方面因素的影响，湖泊水域岸线资源开发利用较为粗放。

高邮湖现状水域范围内开发利用以圈圩、围网养殖以主。根据 2019 年卫星遥感影像，高邮湖圈圩总面积 82.781 km^2，占高邮湖（江苏省境内）湖泊面积的 11.53%；围网总面积为 165.638 km^2，占高邮湖（江苏省境内）湖泊面积的 23.06%。以上圈圩、围网养殖主要分布在大汕子隔堤南高邮湖北部死水区、高邮湖入湖口两侧及湖西大堤菱塘、郭集大圩之间状元沟入湖区域。

高邮湖和邵伯湖之间的新民滩原来主要是柴草地，为消除其行洪阻水影响实施“以耕代清”，面积约 3.5 万亩，具备低标准保麦条件，同时湖滨老庄台与湖滨保安圩之间的保麦圩实行“一水一麦”，面积约 0.8 万亩。高邮湖现为高邮湖西菱塘乡镇集中式饮用水水源地及高邮湖马棚湾应急备用水源地，其中：高邮湖岗板头附近为高邮湖西菱塘乡镇水源地，供水规模 5.0 万 m^3/d；高邮清水潭对面为高邮湖马棚湾应急水源地，供水规模 16.0 万 m^3/d。

高邮湖航道（六级航道）从运西船闸至苏皖交界，通过入江水道航道（三河改道段）沟通京杭运河与洪泽湖，同时京杭运河航道（二级航道）里运河段穿过邵伯湖南端，通过京杭运河施桥段进入长江，邵伯湖西侧有公道河航道（七级航道），另有庄台河（等外级航道）沟通高邮湖、邵伯湖。两湖湖中有油井分布，其中：高邮湖油井主要分布在入湖口西侧的滩地上，邵伯湖主要分布在保麦圩内及邵伯湖零星小岛上，两湖另有零星的旅游开发。

高邮湖现状岸线开发利用方式主要包括水利设施、取水口（水源地）、船闸、避风港、码头、穿河管道、电力设施、桥梁、房屋、生态景观以及其他利用方式等。

高邮湖现状岸线按资源用途划分为生产岸线、生活岸线、生态岸线（简称“三生”岸线，下同）。生产岸线主要指船闸、避风港、码头、穿河管道及电力设施、桥梁、房屋（生产用房）等利用岸线；生活岸线主要指水利设施、取水口（水源地）、房屋(生活用房)等利用岸线;生态岸线主要指生态景观、原生态岸线等。经统计,截至 2019 年末,现状高邮湖岸线总长度 137.36 km,其中:生产岸线 6.43 km,生活岸线 5.80 km,生态岸线 125.13 km,生产、生活、生态岸线比例为 5∶4∶91,见表 1.3。

表 1.3　高邮湖现状“三生”岸线统计表

湖泊名称	所属市县	岸线总长度(km)	“三生”岸线长度(km)			“三生”岸线比例
			生产岸线	生活岸线	生态岸线	
高邮湖	金湖县	64.54	1.75	1.35	61.44	3∶2∶95
	宝应县	7.27	0.60	0.47	6.20	8∶7∶85
	高邮市	65.55	4.08	3.98	57.49	6∶6∶88
	合计	137.36	6.43	5.80	125.13	5∶4∶91

1.6　滨水空间利用情况

通过分析 1990—2020 年的高邮湖临湖 5 km 缓冲区域内土地利用分类数据,进行高邮湖沿岸土地利用历史演变分析。土地利用/覆盖类型数据来自中国科学院资源环境科学数据中心,数据集主要基于 Landsat MSS、TM/ETM 和 Landsat 8 卫星遥感数据,采用人机交互式目视判断的方式进行解译获得。

图 1.2 和图 1.3 显示 1990—2020 年期间高邮湖临湖缓冲区域土地利用类型以水田为主。这主要是因为高邮湖位于江苏省平原河网地区,作为农业强省,高邮湖沿岸农业种植以水稻为主,因此水田是主要土地利用类型。

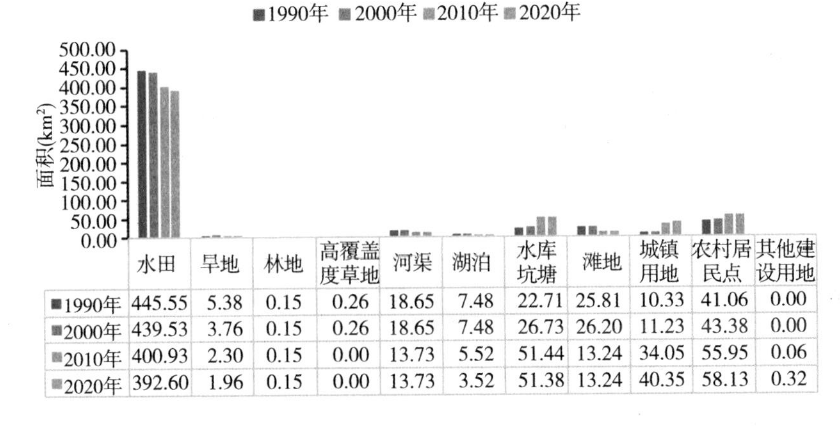

	水田	旱地	林地	高覆盖度草地	河渠	湖泊	水库坑塘	滩地	城镇用地	农村居民点	其他建设用地
1990年	445.55	5.38	0.15	0.26	18.65	7.48	22.71	25.81	10.33	41.06	0.00
2000年	439.53	3.76	0.15	0.26	18.65	7.48	26.73	26.20	11.23	43.38	0.00
2010年	400.93	2.30	0.15	0.00	13.73	5.52	51.44	13.24	34.05	55.95	0.06
2020年	392.60	1.96	0.15	0.00	13.73	3.52	51.38	13.24	40.35	58.13	0.32

图 1.2　1990—2020 年高邮湖沿岸缓冲区土地利用统计图

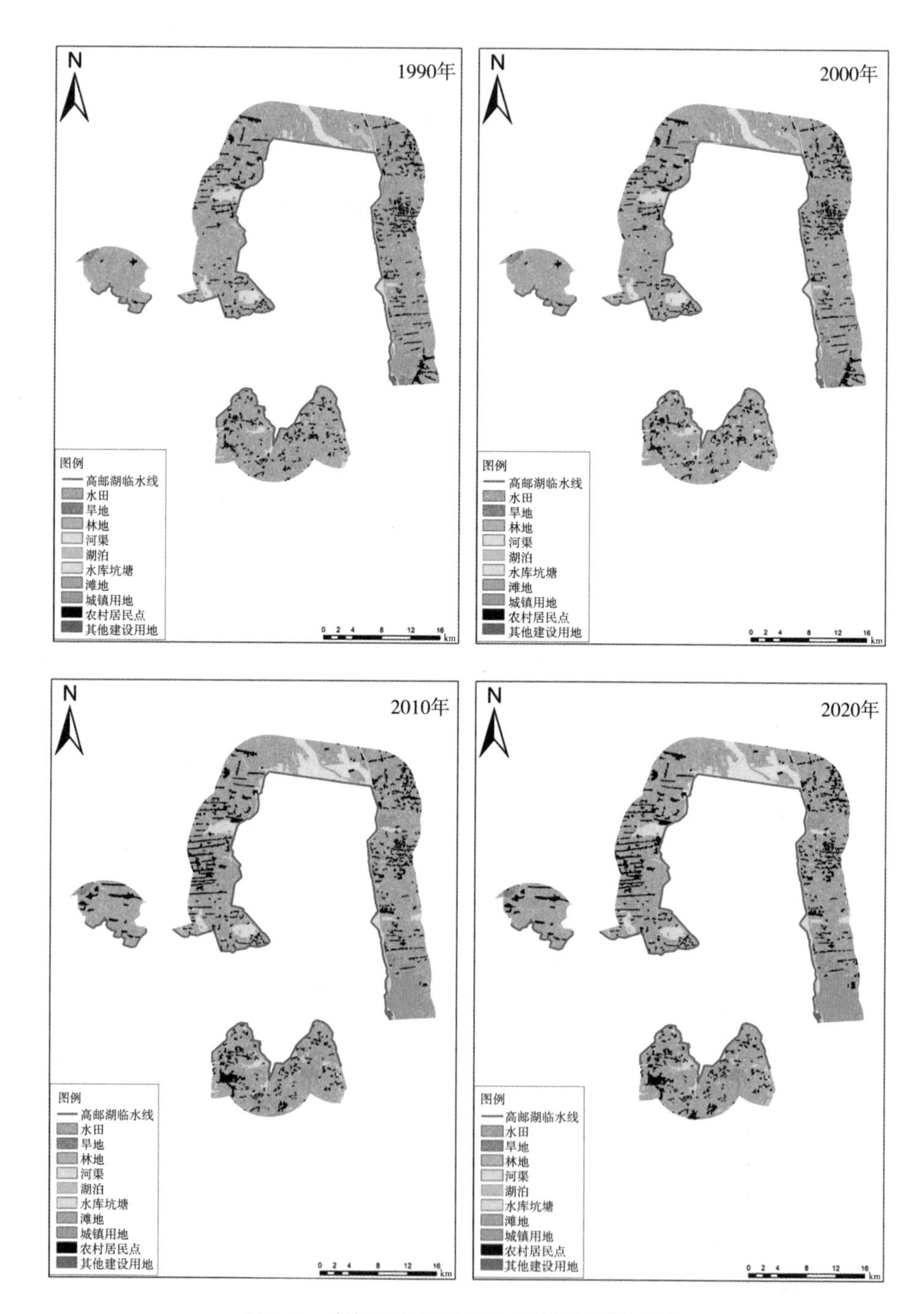

图 1.3　高邮湖沿岸缓冲区土地利用时空变化

从历史演变趋势来看，高邮湖沿岸 5 km 缓冲区域内水库坑塘、城镇用地、农村居民点的面积在 1990—2020 年期间呈现逐渐扩张的趋势，其中水库坑塘、城镇用地、农村居民点面积分别由 1990 年的 22.71 km^2、10.33 km^2 和 41.06 km^2 扩大到 2020 年的 51.38 km^2、40.35 km^2 和 58.13 km^2。水田和滩地面积呈现减少趋势。总体而言，1990—2020 年间，高邮湖沿岸 5 km 范围内，城镇化水平不断提升，沿岸开发利用率提高。

2 湖泊水环境特征

2.1 水文特征

2.1.1 降水量

高邮湖多年平均降水量为 1 003.3 mm，降水多发生在 6—8 月；最大年降水量为 1 788.3 mm(1991 年)，最小年降水量为 615.4 mm(2001 年)；多年平均水面蒸发量为 914.7 mm。

2020 年高邮湖湖区年降水量为 1 101.0 mm，年降水量较历年值多 9.7%，各月间降水量偏低或是偏高均存在。汛期 5—9 月份雨量为 799.8 mm，占全年值的 72.6%。月降水量与历年同期相比，1 月、2 月、3 月、6 月、8 月、11 月偏高 1%～120%，其他月份偏低 3%～60%。最大日降水量为 85.5 mm(8 月 8 日)，见图 2.1。

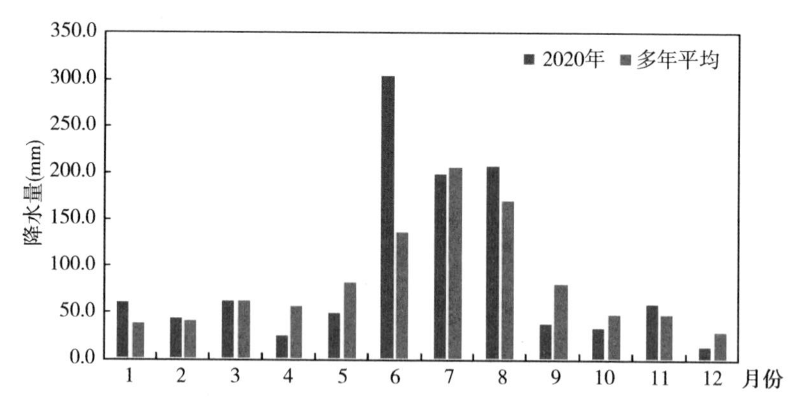

图 2.1　高邮湖 2020 年与多年平均降水量月际变化

2.1.2 湖区水位

高邮湖属淮河流域高宝湖区淮河入江水道水系，属于典型的过水湖泊和浅水湖泊，湖东以京杭运河为界，南侧偏东以高邮湖控制线与邵伯湖毗邻，承泄洪泽湖来水，其水位变化主要受上游来水影响，区域降水对其影响不大，一般在每年 6—9 月随着三河闸开闸关闸而涨跌，其他月份水位受区域降水影响，波动幅度不大。

2020 年 1—4 月，高邮湖地区降水正常，由于前期水位偏低，其水位一直在低值区小幅波动；5 月份开始，随着用水量的增加，高邮湖水位缓慢下降，最低仅有 5.15 m，为 2002 年以来的最低水位；入梅后，高邮湖地区降雨频繁，水位开始回升；6 月 23 日三河闸开闸，泄洪量不断加大，高邮湖水位迅速上涨，最高涨至 8.29 m，其后开始回落；9 月上旬三河闸关闸后，高邮湖水位恢复正常，波动幅度

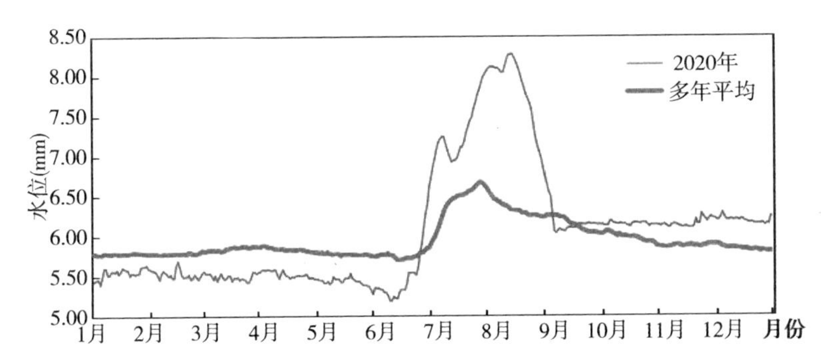

图 2.2 高邮湖 2020 年日平均水位与历年均值比较图

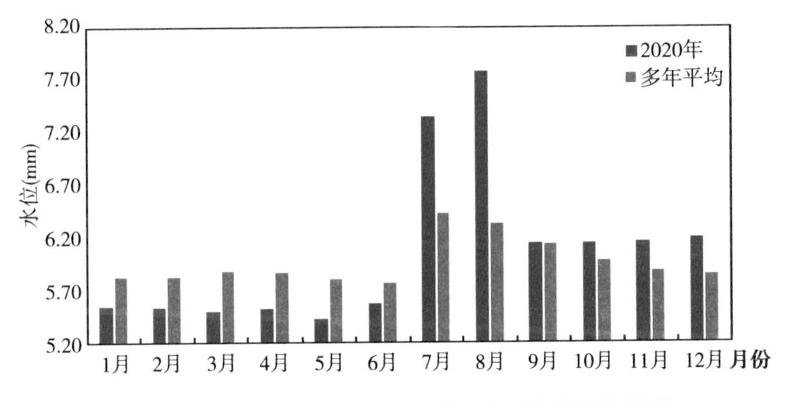

图 2.3 高邮湖 2020 年月平均水位与历年均值比较图

不大，年末水位为6.14 m。据高邮(高)站水位统计，2020年平均水位6.07 m，较历年均值偏高0.11 m；年最高水位8.29 m(8月19日)；年最低水位5.15 m(6月8日)，年内水位最大变幅3.14 m，见图2.2～图2.3。全年未超警戒水位。

2.1.3 出入湖流量

高邮湖正常湖容约为8.12亿m^3，每年出入湖水量受三河闸行洪影响，年际差异极大，换水周期不定。

2020年高邮湖主要控制站入湖水量322.33亿m^3，出湖水量313.67亿m^3，见表2.1。淮河是入湖水量的主要来源，全年有98.0%入湖水量来自淮河，2020年淮河来水314.54亿m^3；新民滩控制线是唯一出湖口门。

表2.1 2020年高邮湖主要控制站出入湖水量统计表

流向	序号	河道名称	水量(亿m^3)
入湖	1	入江水道	314.54
	2	金宝航道	2.12
	3	宝应湖	0.50
	4	白塔河	5.17
出湖	1	邵伯湖	313.67

2.2 水体理化特征

水体理化由水深、水温、透明度、浊度、电导率、矿化度、pH、溶解氧、叶绿素含量、高锰酸盐指数、氨氮、总磷等参数反映。其中浊度、电导率、矿化度、pH、溶解氧、叶绿素(Chla)等数据来源于EXO型多参数水质分析仪(美国YSI公司)的原位测定结果；实验室测定高锰酸盐指数、氨氮、总磷、总氮，检测方法采用江苏省地方标准《湖泊水生态监测规范》(DB32/T 3202—2017)规定的检测方法。

2.2.1 湖区水体理化

1. 水深

根据现场的监测结果(图2.4)，高邮湖平均水深介于1.25～2.63 m，年平均水深2.11 m。水深情况呈现一定的季节差异，春季水深较低，夏、秋季水深显著高于其他季节。2020年高邮湖最小平均水深出现在5月，水深为1.25 m；最大平均水深出现在 8 月,水深为 2.63 m。空间上,位于高邮湖东部湖区的 gyh-4 号点以及位于高邮湖西部省界附近湖区的 gyh-8 号点水深较深。

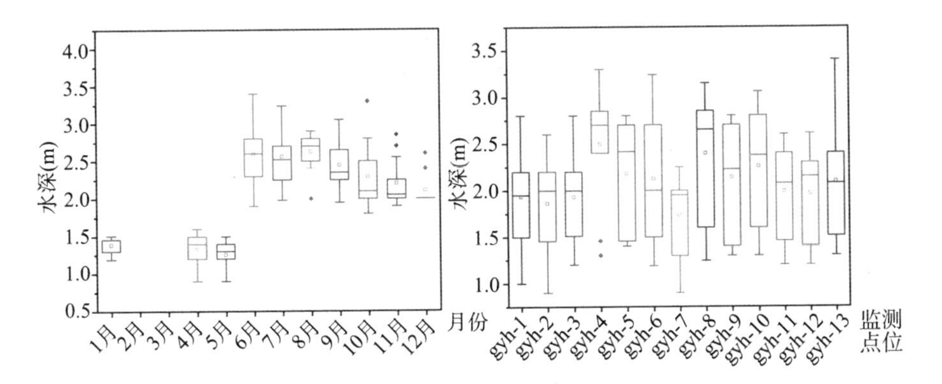

图 2.4 高邮湖水深周年变化特征和空间变化特征

2. 水体温度

湖水温度状况是影响湖水各种理化过程和动力现象的重要因素,也是湖泊生态系统的环境条件,不仅涉及生物的新陈代谢和物质分解,而且也直接决定湖泊生产力的高低,与渔业、农业均有密切的关系。由于湖水在年内不同季节接受太阳辐射能不同,水温也发生年内变化。

高邮湖属于浅水湖泊,因受湖泊气候的长期影响,水温有着相应的变化过程,2020 年最高温度出现在 8 月份,其值为 30.61℃,最低温度出现在 1 月份,其值为 7.03℃,全年平均水温为 18.94℃。从各监测点来看,各点水温相差不大,见图 2.5。

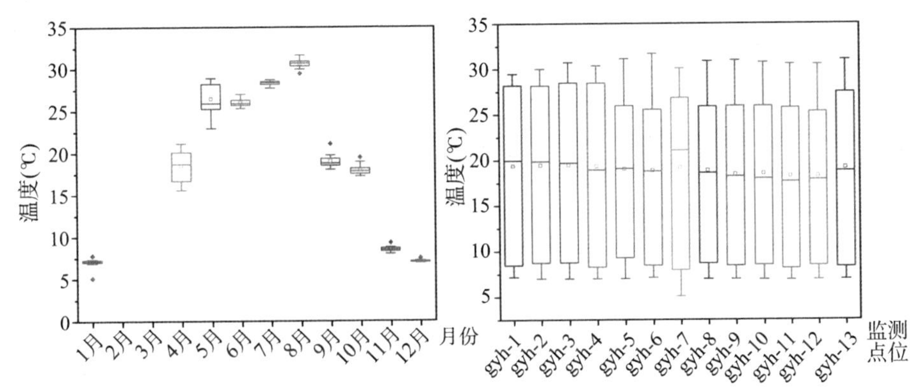

图 2.5 高邮湖水体温度周年变化特征和空间变化特征

3. 水体透明度

透明度是指水体的澄清程度，是湖水的主要物理性质之一，透明度通常用塞氏盘方法来测定，单位以 cm 或 m 表示。影响湖水透明度的因素主要是水中悬浮物质和浮游生物。悬浮物质和浮游生物含量越高，透明度则越小；反之，悬浮物质和浮游生物的含量越少，则湖水透明度越大。相对来说，夏季和秋季浮游生物大量繁殖，水体透明度会呈现较低的特征。

高邮湖全年平均透明度为 19.91 cm。2020 年最高透明度出现在 4 月份，均值为 41 cm；全年最低透明度出现在 11 月份，均值为 9.5 cm。空间上，位于高邮湖北部湖区的 gyh-1～gyh-3 号点水体透明度较高，见图 2.6。

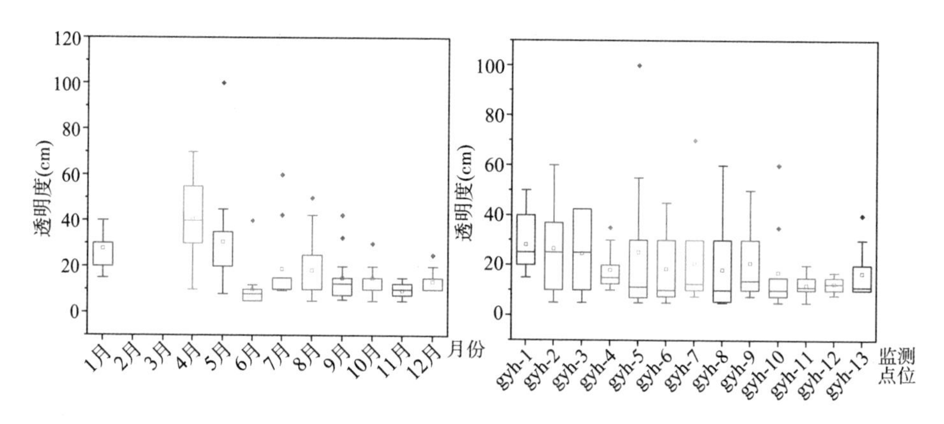

图 2.6　高邮湖水体透明度周年变化特征和空间变化特征

4. 水体浊度

浊度是表现水中悬浮物对光线透过时所发生的阻碍程度。由于水中有不溶解物质的存在，使通过水样的部分光线被吸收或被散射。因此，混浊现象是水样的一种光学性质。一般说来，水中的不溶解物质愈多，浊度愈高，但两者之间并没有直接的定量关系。浊度的大小不仅与不溶解物质的数量、浓度有关，而且还与这些小溶解物质的颗粒大小、形状和折射指数等性质有关。

2020 年，高邮湖水体浊度年平均值为 39.57FUN，浊度月均最高值出现在 2020 年 6 月份，为 65.74FUN；月均最低值在 2020 年 4 月份，为 17.00FUN。夏季和秋季水体中的不溶解物质较多，水体浊度较高，这是因为夏秋季节水生生物活跃，水体中的代谢物、颗粒物较多。空间上，北部湖区水体浊度较低，水体不溶解物质较少，荷花荡和新民滩附近水体浊度较高，见图 2.7。

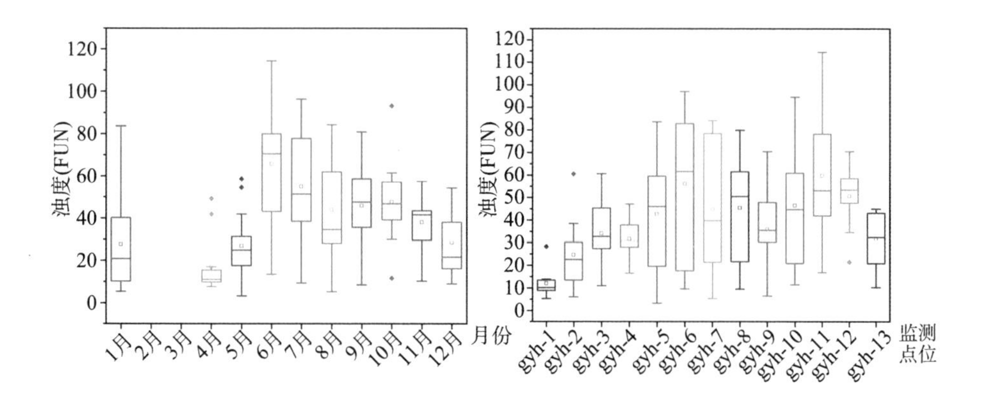

图 2.7 高邮湖水体浊度周年变化特征和空间变化特征

5. 水体电导率

溶液的电导率是电解质溶液的一个基本物理化学量,反映了水体中离子浓度的变化特征。在特定的条件下,溶液的含盐量、总溶解性固体含量(Total Dissolved Solids)、pH 等都与电导率有着密切的关系。由于电导率值随离子浓度的增大而增大,因此使用电导率反映水质状况更直观。

高邮湖电导率随月份变化,介于 282.21 μs/cm～517.36 μs/cm 之间,平均值为 392.89 μs/cm;2020 年 7 月份电导率最高,为 517.36 μs/cm;2020 年 12 月电导率最低,为 282.21 μs/cm。从空间分布上来看,高邮湖各监测点电导率均匀性较好,见图 2.8。

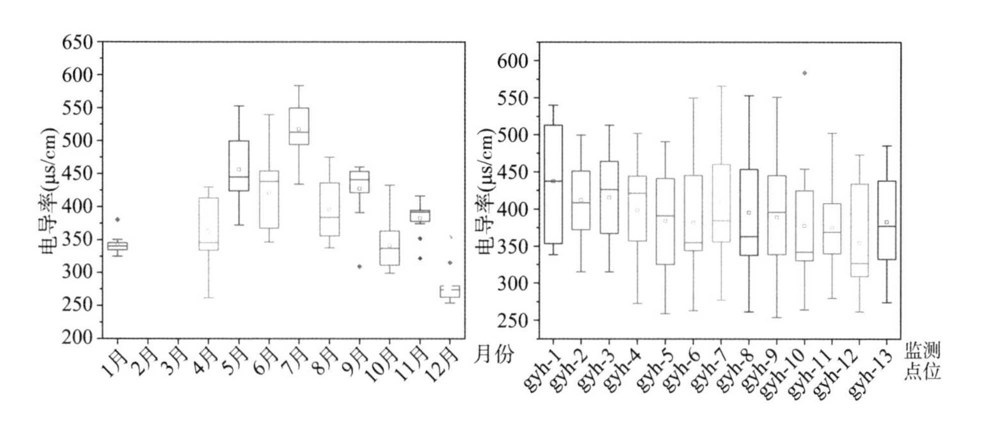

图 2.8 高邮湖水体电导率周年变化特征和空间变化特征

6. 水体矿化度(总溶解性固体含量)

水体矿化度通过水体中的总溶解性固体含量(Total Dissolved Solids,TDS)来衡量,这其中,钙、镁、钠、钾离子,碳酸根离子,碳酸氢根离子,氯离子,硫酸根离子和硝酸根离子是最主要的离子成分,这些金属与酸根离子也是下水道、城市和农业污水以及工业废水中的主要组成部分。湖水的矿化度是湖泊水化学的重要属性之一,它可直接反映出湖水离子组成的化学类型,又可以间接地反映出湖水盐类物质积累或稀释的环境条件,与饮用水的味觉直接相关。

高邮湖水体中矿化度年平均值为 270.03 mg/L,各月份平均值介于 231.92～340.07 mg/L,季节变化不明显,各月份矿化度值差异较小,最大值出现在 2020 年 1 月份,最小值出现在 2020 年 8 月份。从各监测点数据来看,各监测点附近湖水年平均矿化度相差不大,见图 2.9。

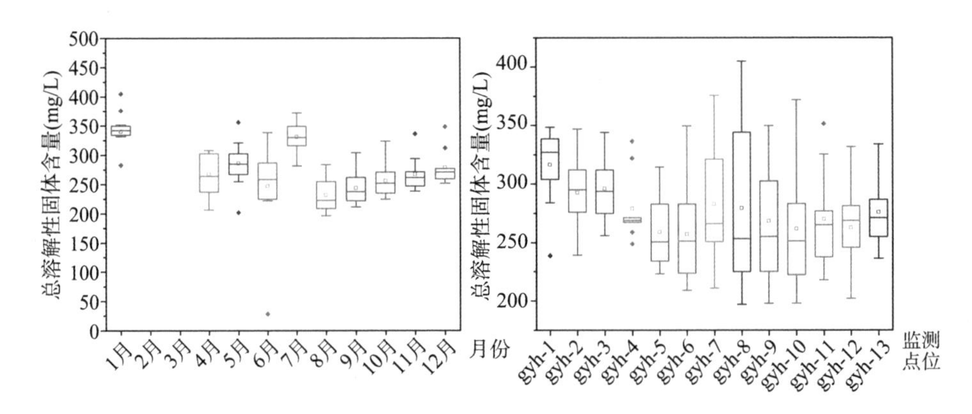

图 2.9　高邮湖水体总溶解性固体含量周年变化特征和空间变化特征

7. pH

在淡水湖中,凡游离 CO_2 含量较高的湖泊,pH 就低;而 HCO_3^- 含量较高的湖泊,pH 也会相应增加。受入湖径流 pH 的影响、湖水交换的强弱以及湖内生物种群数量的多少等因素影响,pH 的平面分布也不完全一致。在通常情况下,敞水区的 pH 高于沿岸带。

湖泊藻类在进行光合作用的过程中,一般需消耗水中的游离 CO_2,结果使 pH 相应增加。而光合作用的过程通常在白昼进行,并在夏、秋两季的表层水体中较旺盛,所以 pH 在昼夜、年内及垂线分布上都有明显的变化规律。

高邮湖湖水的 pH 月均值在 7.77～9.28 之间,全年均值为 8.43,呈微碱性。pH 在 2020 年 4 月份达到最大值,pH 最小值出现在 2020 年 6 月份;各监测点之间变化相对较小，pH 空间分布比较均匀，见图 2.10。

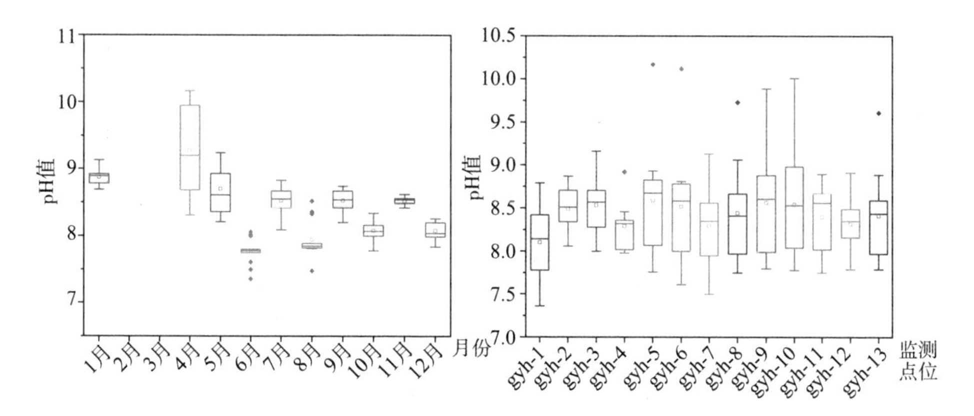

图 2.10　高邮湖水体 pH 周年变化特征和空间变化特征

8. 溶解氧

湖泊溶解氧含量的高低对湖泊生物生长、发育以及湖水自净能力的影响很大，是水质评价的一个重要依据。受湖水动力条件差异的影响，表层湖水中溶解氧含量的平面分布一般呈现敞水区比沿岸带略高的特征。影响溶解氧含量的因素主要是温度，氧气在水中溶解度和其他气体一样，常随温度升高而降低，一年内夏季水温最高，湖水溶解氧含量则相应降低，而冬季则与此相反；其次是湖泊生物(水生高等植物和藻类)在白昼进行光合作用的同时，也增加了湖水中氧气的含量，夜间则相反；湖中有机物或还原性物质在其分解和氧化过程中需消耗氧气，使溶解氧含量下降。

高邮湖表层湖水溶解氧含量呈现明显的季节变化，各月份平均溶解氧含量介于 5.79～11.66 mg/L，全年均值为 8.89 mg/L，月均值最大出现在 2020 年 1 月份，最小值出现在 2020 年 8 月份。随着温度的降低，氧气在湖水中的溶解度逐渐增大，11 月至次年 4 月份温度较低，溶氧含量相对较高；7 月至 9 月份温度较高，氧气在湖水的溶解度较低，与水温的变化趋势相一致，表明湖水溶解氧含量的季节变化主要受湖水温度控制。各监测点年平均溶解氧含量差异较小，表明高邮湖溶解氧含量的空间变化较小，见图 2.11。

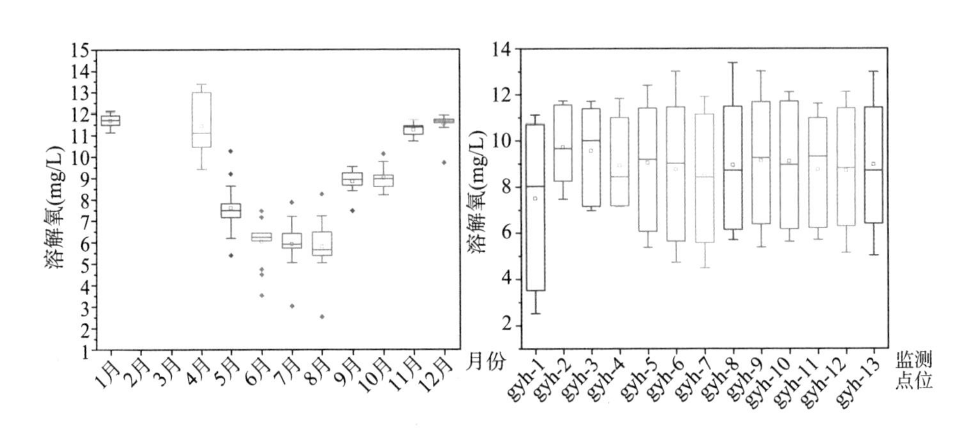

图 2.11 高邮湖水体溶解氧周年变化特征和空间变化特征

9. 水体叶绿素 a 含量

湖水中叶绿素 a 的含量亦是流域中初级生产者现存量的指标，这些初级生产者数量的多寡与该流域初级生产力的大小密切相关，其生产力直接或间接地影响水域中其他生物的生产力。采用测算湖水中叶绿素浓度的方法可以表征水体中浮游藻类的生物量水平。

高邮湖湖水的叶绿素浓度呈现明显的季节变化，各月份叶绿素 a 含量介于 3.33～11.53 μg/L，全年平均值为 7.72 μg/L，最高值和最低值分别出现在 11 月份和 4 月份。在空间上，不同湖区之间的水体叶绿素 a 含量差异并不显著，荷花荡附近湖区的水体叶绿素 a 含量整体低于其他湖区，见图 2.12。

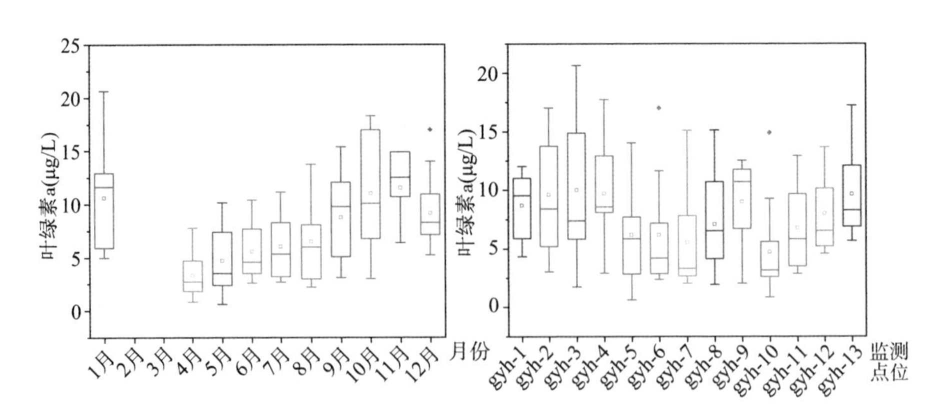

图 2.12 高邮湖水体叶绿素 a 周年变化特征和空间变化特征

10. 水质营养盐

2020 年,高邮湖主要水质指标年平均浓度:氨氮 0.14 mg/L(Ⅰ～Ⅱ类),冬季氨氮浓度相对高于其他季节,其中 11 月份氨氮浓度最高,不同湖区之间氨氮浓度差异很小(图 2.13)。高锰酸盐指数主要反映了水体中有机可氧化物质的含量,较低的高锰酸盐指数代表了水体有机污染物含量较低,高邮湖水体的高锰酸盐指数均值为 4.70 mg/L,基本上处于Ⅲ类水标准(图 2.14),水体的高锰酸盐指数季节差异较小,位于高邮湖中部沿岸的湖区高锰酸盐指数较低。高邮湖水体总氮浓度均值为 1.01 mg/L,基本上处于Ⅲ～Ⅳ类水标准(图 2.15),高邮湖总磷浓度均值为 0.076 mg/L,基本上处于Ⅳ类水标准(图 2.16)。

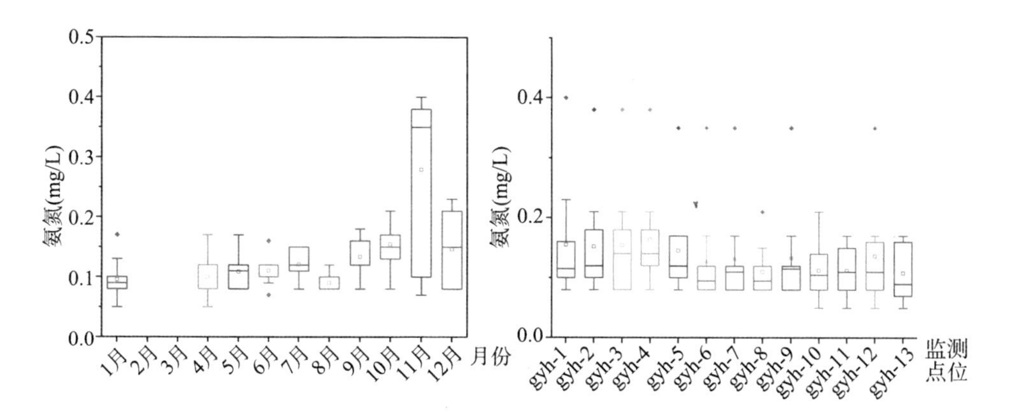

图 2.13　高邮湖水质氨氮周年和空间变化特征

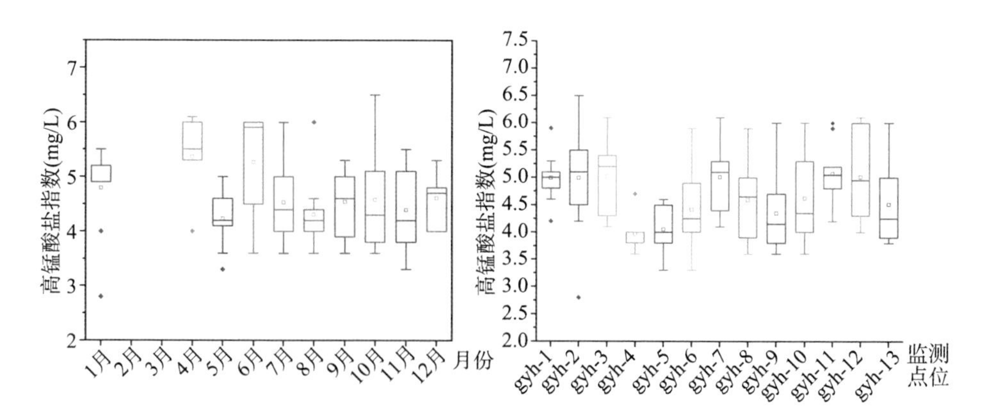

图 2.14　高邮湖水质高锰酸盐指数周年和空间变化特征

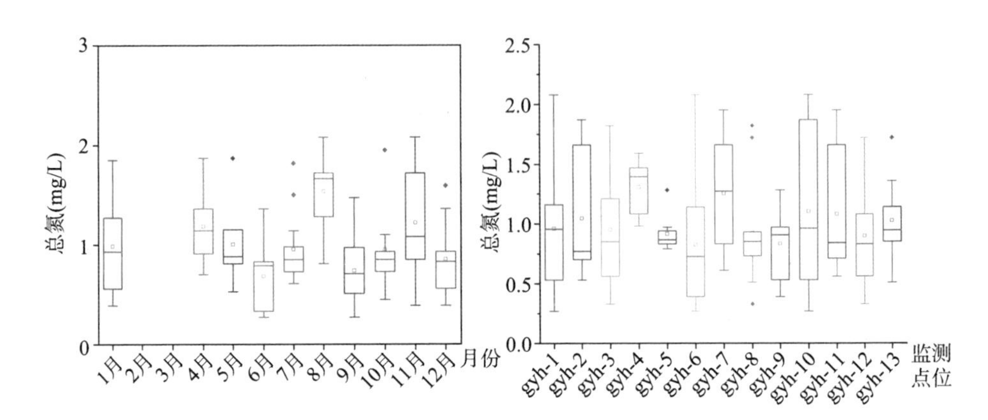

图 2.15　高邮湖水质总氮周年和空间变化特征

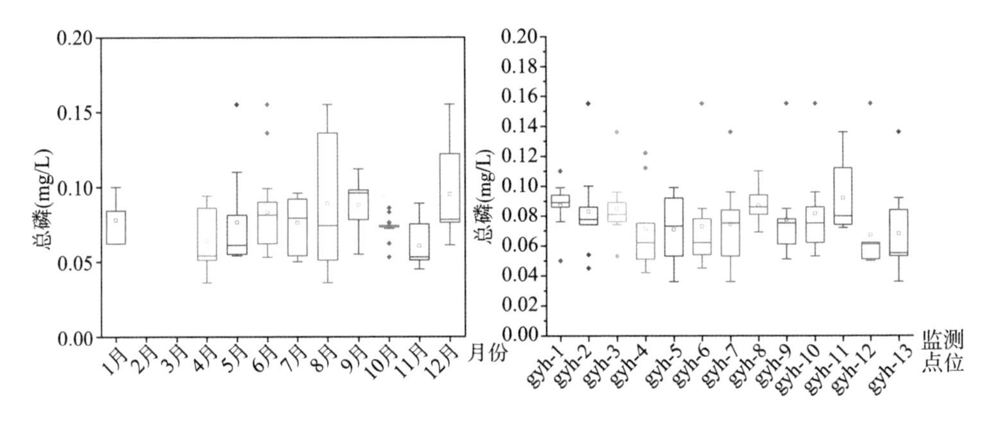

图 2.16　高邮湖水质总磷周年和空间变化特征

根据《地表水环境质量标准》(GB 3838—2002)，高邮湖主要污染物为总磷和总氮，2008—2020 年，总磷浓度总体较为稳定，2008 年和 2014 年总磷浓度略小，水质类别为Ⅲ类，其余各年均为Ⅳ类；总氮浓度 2008 年较大，之后呈下降趋势，整体也较为稳定，近两年有所上升，2008 年、2014 年、2016—2018 年和 2020 年水质类别为Ⅳ类，其余各年均达Ⅲ类。全湖区主要超标项目浓度变化见图 2.17～图 2.18。

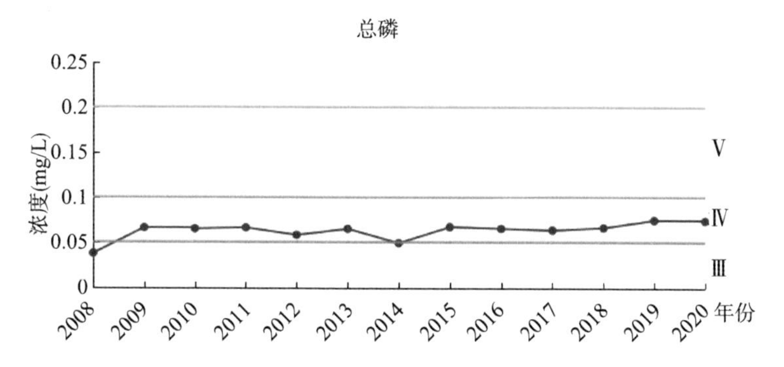

图 2.17　2008—2020 年高邮湖水体总磷长期变化

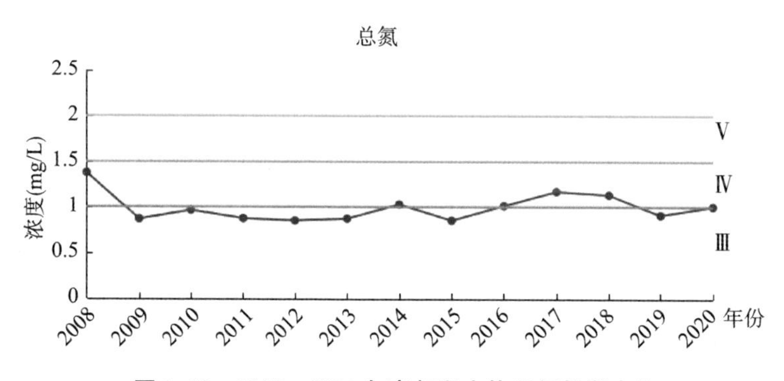

图 2.18　2008—2020 年高邮湖水体总氮长期变化

11. 营养状态指数

2020 年，高邮湖各月份营养状态指数基本稳定，全年均值为 58.2，月均值介于 53.9～63.0，整体来看属于轻度富营养，见图 2.19。

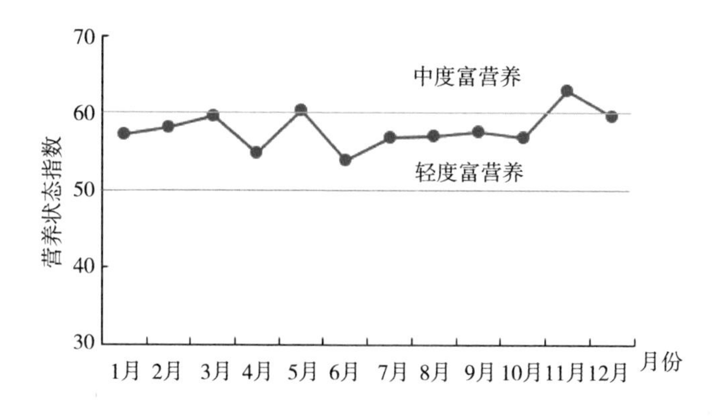

图 2.19　2020 年高邮湖各月营养状态指数

2008—2020 年高邮湖营养状态指数整体较为稳定，一直处于轻度富营养状态，但 2020 年已接近中度富营养状态，见图 2.20。

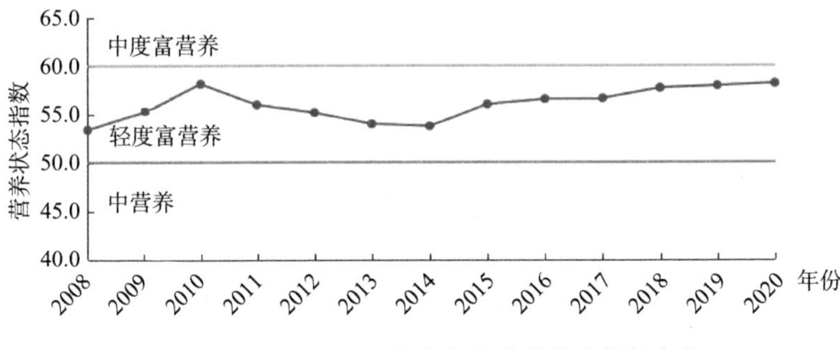

图 2.20　2008—2020 年高邮湖营养状态指数变化

2.2.2　持久性有机污染物及抗生素赋存特征

持久性有机污染物(POPs)是一种由人类合成的，具有长期残留性、生物蓄积性、高毒性和半挥发性的高危化学物质。其可以通过各种途径传播，且能持久地存在于各种环境介质中，进而通过食物链(食物网)向更高营养级的生物传递、累积，对水生态及人体健康造成巨大危害。由于其具有很强的亲脂性，POPs 会在生物体的器官内富集积累，且会随着食物链逐级浓缩，最后导致在环境介质中处于低浓度的污染物在人体内大量积累，达到对人体造成伤害的浓度。

表 2.2 列举了常见 POPs 的结构式。

表 2.2　常见 POPs 结构式

分类	编号	名称	英文名	CAS 号	结构式
有机氯农药类 POPs	1	艾氏剂	Aldrin	309 - 00 - 2	
	2	滴滴涕	DDT	50 - 29 - 3	

续表

分类	编号	名称	英文名	CAS 号	结构式
有机氯农药类POPs	3	α-氯丹	α-chlordane	5103-71-9	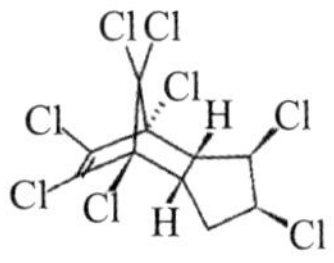
	4	反式氯丹	trans-chlordane	5103-74-2	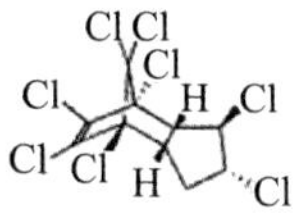
	5	狄氏剂	Dieldrin	60-57-1	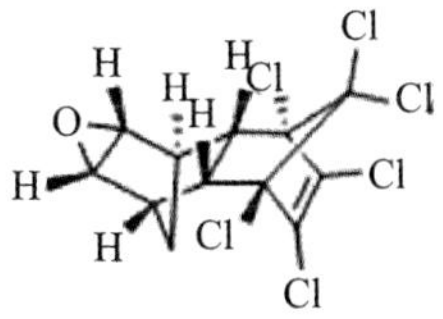
	6	异狄氏剂	Endrin	72-20-8	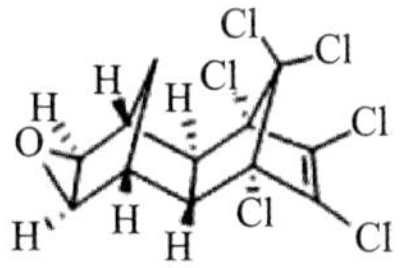
	7	七氯	Heptachlor	76-44-8	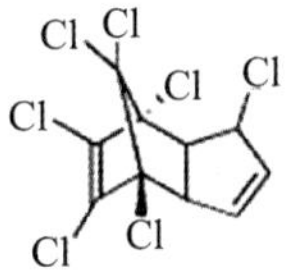
	8	甲氧氯	Methoxychlor	72-43-5	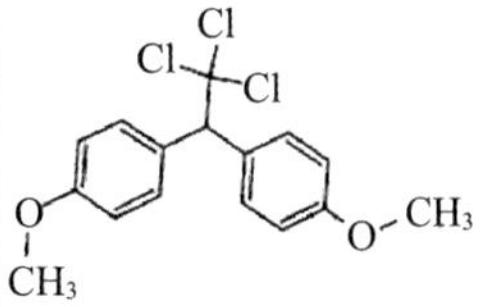
工业化学品类POPs	9	六氯苯	Hexachlorobenzene	118-74-1	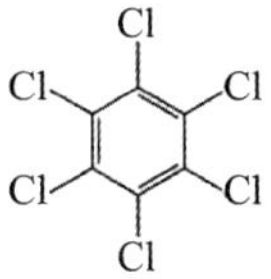
	10	2,4,4'-三氯联苯	2,4,4'-Trichlorobiphenyl	7012-37-5	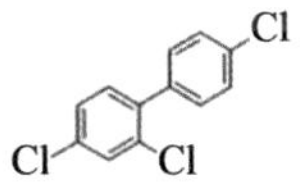

续表

分类	编号	名称	英文名	CAS 号	结构式
工业化学品类 POPs	11	2,2',5,5'-四氯联苯	2,2',5,5'-Tetrachlorobiphenyl	35693-99-3	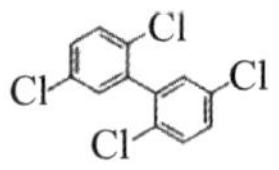
副产品类 POPs	12	2,2',4,5,5'-五氯联苯	2,2',4,5,5'-Pentachlorobiphenyl	37680-73-2	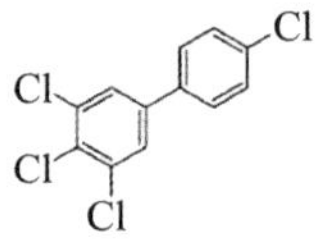
	13	2,3,7,8-四氯二苯并对二噁英	2,3,7,8-Tetrachlorodibenzo-para-dlioxin	1746-01-6	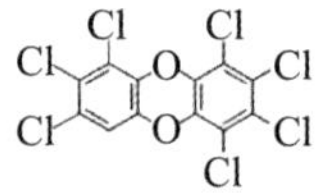

POPs 类物质对生态环境有着严重破坏性，如 DDT 的滥用曾导致美国白头雕濒临灭绝。近年来的实验研究和流行病调查结果都表明，POPs 类物质会诱发多种人类疾病，如导致内分泌紊乱，破坏生殖、免疫系统，抑制生长发育等。尽管现在 POPs 已经被禁止使用，但是东南亚、非洲、南美洲等热带地区的发展中国家仍在使用有机氯农药类 POPs 进行病虫害的防控。在冶金、钢铁等工业生产过程中，也会有部分 POPs 被释放进入环境中。

目前已有国内外相关研究关注水源地中 POPs 的污染情况，总体来说，POPs 在水源地中的分布广泛，在各种环境介质甚至生物体内均有检出，但浓度较低，污染程度小。

高邮湖岗板头附近的菱塘乡镇集中式饮用水水源地为湖库型水源地，供水规模 5.0 万 m^3/d。水源地及其周边土地总面积为 25.09 km^2，其中耕地面积达 15.57 km^2，占比约 62.06%，是最主要的土地利用类型。养殖面积占比达 22.24%，耕地和养殖可能是水源地污染的主要输入来源。水体面积仅为 0.56 km^2，占比约 2.23%，水资源较少。其余土地利用类型还包括工厂、公路、林地、裸地、湿地和住房，见表 2.3。高邮湖水源地土地利用分布见图 2.19。

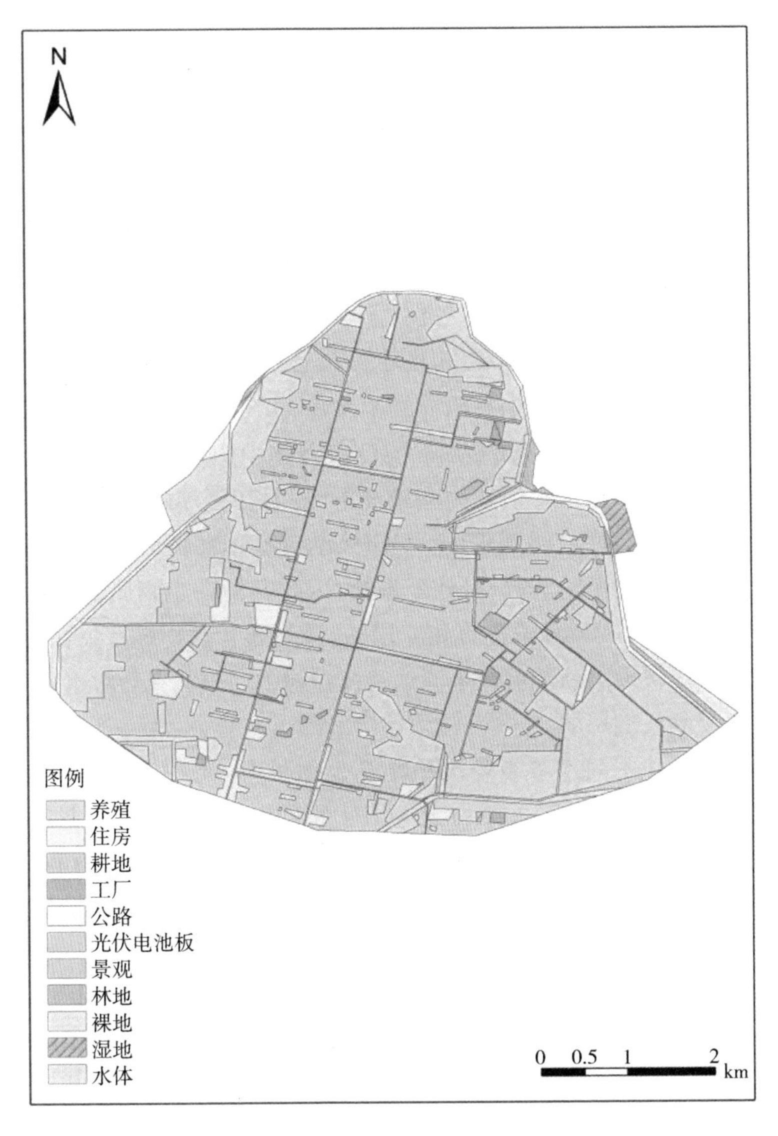

图 2.19 高邮湖水源地土地利用分布

表 2.3 高邮湖菱塘乡镇集中式饮用水水源地附近土地利用类型占比

土地类型	耕地	工厂	公路	林地	裸地	水体	养殖	湿地	住房	总面积
面积(km^2)	15.57	0.11	0.97	0.32	0.21	0.56	5.58	0.15	1.61	25.09
百分比	62.06%	0.44%	3.87%	1.28%	0.84%	2.23%	22.24%	0.60%	6.42%	100.00%

1. OCPs 分布特征

有机氯农药(OCPs)是一类含一个或多个苯环的氯代芳香烃衍生物的总称,主要分为以苯环和环戊二烯为原料的两大类。一是以苯环为原料的有机氯农药,主要包括 DDTs、HCHs 和 HCB;二是以环戊二烯为原料的有机氯农药,主要有七氯、狄氏剂、异狄氏剂、氯丹、艾氏剂等。有机氯农药稳定的化学结构使得它在环境中对生物降解、化学分解和光解具有防御能力,属于典型的持久性有机污染物,具有持久性、累积性、难降解性、生物毒性、亲脂憎水的特点。

有机氯农药一旦进入水环境中,由于其具有憎水性,在水中的溶解度很低,但可与悬浮颗粒物及沉积物中有机质和矿物质等产生物理变化,从水环境中迁移至悬浮颗粒物和沉积物中最终沉降下来,导致水中的 OCPs 浓度降低,沉积物成为污染物的最终归宿地。但在一些条件下,吸附在悬浮颗粒物和沉积物质中的 OCPs 又会被重新释放回到水中。OCPs 也会随着食物链进行富集,由于大多数 OCPs 具有较高的正辛醇-水分配系数,因此容易在生物脂肪中逐级累积,随着营养级的递增,其累积浓度也相应增加,最终随着食物链富集在人类体内,对人类健康造成极大威胁。因此水源地及沉积物中有机氯农药对水体生物及生态环境有重要的长期影响。

高邮湖水源地不同季节表层沉积物及生物膜中 OCPs 浓度分析结果见表 2.4。高邮湖水源地的表层水体中无 OCPs 的检出。2018 年 12 月、2019 年 3 月、2019 年 6 月和 2019 年 9 月表层沉积物中主要检出的污染物为 DDTs、硫丹硫酸酯、Beta-硫丹以及甲氧氯。DDTs 主要由 p,p'-DDD、p,p'-DDE、p,p'-DDT、o,p'-DDD、o,p'-DDE、o,p'-DDT 共 6 种异构体组成。硫丹硫酸酯是硫丹的降解产物,具有较高的神经毒性、生殖和发育毒性,Beta-硫丹和硫丹硫酸酯浓度较高的区域,居民患癫痫、小儿麻痹症等疾病比例明显提高。四次采样检测中,沉积物的 p,p'-DDE 浓度在 NF~23.7 ng/g 之间,p,p'-DDT 浓度在 NF~13.2 ng/g 之间;沉积物的硫丹硫酸酯和甲氧氯仅在 2019 年 6 月检测出,浓度分别为 10.6 ng/g、9.2 ng/g。

生物膜与沉积物中的污染物浓度差异较大,如在 2018 年 12 月对高邮湖水源地的检测中发现,p,p'-DDD 在表层沉积物中的赋存水平高于生物膜中的赋存水平,而 2019 年 9 月高邮湖水源地生物膜中 p,p'-DDD 的检测结果远高于表层沉积物的赋存水平。不同介质对有机污染物的吸附能力与有机碳性质相关,有机碳分为脂肪碳、芳香碳和极性碳三种类型,芳香碳的含量会直接影响介质的吸附能力,因此后续研究中应当进一步研究各介质中有机碳组分组成及含量，进而探讨有机污染物在不同介质中的分布差异。

高邮湖水源地采样点的污染物具有种类较多、总量较高的特点。在四个采样时间中，除 2019 年 3 月未在沉积物和生物膜中检出 OCPs，其余时间均在沉积物和生物膜中检出 p,p'-DDT、p,p'-DDE 和 p,p'-DDD。高邮湖水源地位于江苏省中部，附近农田分布较广，农业发达，雨水充沛。因此较高的污染物总量可能是人为因素导致。农耕季节喷洒的农药易残留于土壤中，经过雨水的冲刷，残留农药随着土壤一起进入水环境中。同时有机氯农药具有很强的疏水性，在水中释放后，会有一部分的有机氯农药与水体中的悬浮颗粒结合沉降到水底，以表层沉积物的形式存在。

高邮湖水源地采样点 OCPs 的单体浓度在不同季节有一定的差异性。p,p'-DDT 在 2018 年 12 月浓度较高，在 2019 年 6 月浓度较低；p,p'-DDE 在 2019 年 6 月的浓度较高，p,p'-DDD 在 2019 年 9 月浓度较高。产生这种差异的原因可能是 DDT 在环境中发生降解。DDT 在厌氧条件下会代谢为 DDD，而在好氧的情况下则会代谢为 DDE。如果某一地区存在着 DDT 的持续输入，则 DDT 的水平就会维持在相对较高的状态；反之，DDT 的含量会由于分解减少，相应产物的含量增加。在高邮湖水源地水体中，DDT 发生好氧降解，含量不断减少，产物 DDE 的浓度上升。

表 2.4 水源地中表层沉积物及生物膜中 OCPs 分布特征

采样点	采样时间	样品类型	p,p'-DDT (ng/g)	p,p'-DDE (ng/g)	p,p'-DDD (ng/g)	硫丹硫酸酯 (ng/g)	Beta-硫丹 (ng/g)	甲氧氯 (ng/g)
高邮湖水源地	2018.12	沉积物	13.2	22.4	16.7	NF	NF	NF
		生物膜	9.8	18.9	11.2	NF	NF	NF
	2019.3	沉积物	—	—	—	—	—	—
		生物膜	—	—	—	—	—	—
	2019.6	沉积物	9.7	23.7	10.6	10.6	NF	9.2
		生物膜	8.9	20.9	13.9	3.9	NF	6.7
	2019.9	沉积物	10.8	20.6	3.5	NF	NF	NF
		生物膜	9.5	19.5	26.6	NF	NF	NF

2. PCBs 分布特征

多氯联苯（PCBs）是联苯上氢原子被氯原子所取代的一类氯化物，其分子式通式为 $C_{12}H_{10-n}Cl_n$。根据氯原子的个数或氯的百分含量和位置差异，可将其分为 209 种同系物，以多氯联苯的联苯分子上被氯原子取代的个数为依据，将其分为 10 类。

PCBs 属于芳香族卤化物，在结构上，苯环上的大 π 键与卤素的孤对电子形成 P-π 共轭，碳原子和卤素之间的键的双键性加强，因此 PCBs 具有极高的热稳定性和化学惰性，并且随着氯原子个数的增加，性质更加稳定。PCBs 在常温状态下为油状液体或白色结晶或非结晶固体，无味，半挥发或不挥发性物质，在水中具有极低的溶解性，随着氯原子个数的增加，其溶解度降低。PCBs 物理化学性质稳定，具有良好的耐热性、低电导性和抗氧化性。

环境中的 PCBs 主要来自电容器拆卸中 PCBs 的迁移以及油漆添加剂等，也有可能来自变压器中油类污染物。有研究表明，PCBs 中的低氯代物要来自造纸厂漂白过程、焚烧炉焚烧过程以及大气的长距离输送等，高氯代物主要来自变压器的油类污染物。发电厂在焚烧发电过程中可能会产生 2,2',5,5'-四氯联苯(PCB-52)，废水中的 PCBs 无法被完全处理，进入水环境中。同时 PCBs 具有良好的亲脂性，使其更易吸附于悬浮颗粒上，随水流沉降进入表层沉积物中，导致沉积物中 PCB-52 的浓度增加。

高邮湖水源地表层沉积物及生物膜中 PCBs 的检测浓度见表 2.5。高邮湖水源地生物膜中未检出 PCBs，表层沉积物中主要检出的污染物是 PCB-52，2018 年 12 月的 PCB-52 浓度均值为 0.8 ng/g，2019 年 3 月未检测出 PCB-52，2019 年 6 月沉积物中 PCB-52 浓度均值为 5.8 ng/g，2019 年 9 月沉积物中 PCB-52 浓度均值为 0.5 ng/g。高邮湖水源地表层沉积物中 PCB-52 呈现明显的季节差异，6 月的 PCB-52 含量远高于其他采样时间。推测可能的原因是 6 月温度高，污染物的降解和迁移挥发速度受到影响，故污染物在沉积物中的累积量较高。此外，6 月降雨量较大，雨水携带大气中的颗粒物落入地面，地表径流冲刷导致表层土壤进入河道，外源物质汇入量增大，导致 PCB-52 的含量增加。高邮湖水源地周边无产生低氯代物的工厂企业，因此推测其环境中 PCB-52 可能来自大气的长距离输送。

表 2.5　高邮湖水源地中表层沉积物及生物膜中 PCBs 分布特征

采样时间	样品类型	PCB-52(ng/g)
2018.12	沉积物	0.8
	生物膜	NF

续表

采样时间	样品类型	PCB-52(ng/g)
2019.3	沉积物	—
	生物膜	—
2019.6	沉积物	5.8
	生物膜	NF
2019.9	沉积物	0.5
	生物膜	NF

3. PBDEs 分布特征

由于 PBDEs 的浓度低于检测限,因此不做讨论。

4. 抗生素赋存特征

抗生素是一种从微生物中提取或由化学方式制成,对各种或特定病原微生物具有强力抑制或杀灭作用的化合物。抗生素在机体内的吸收有限,只有少量抗生素会被吸收,约 60%～90%的抗生素以原型形式随排泄物排出体外,最终通过各种途径进入环境,对生态系统造成潜在的风险。大量的抗生素和其代谢物进入环境后,可诱导生物体产生抗生素抗性基因(ARGs),从而加速 ARGs 在环境细菌间的扩散与传播,而抗性微生物在环境中的产生和传播,是影响人类健康的重要风险因素。

自然环境中有 200 多种抗生素,根据其不同的化学结构及功能,可将其分为 10 大类,其中磺胺类、四环素类、喹诺酮类、大环内酯类和 β-内酰胺类是中国消耗量较大的 5 大类抗生素。我国是抗生素生产和使用大国,随着美丽中国和健康中国建设的推进,作为典型新污染物的抗生素被加强管控。鉴于抗生素及其抗性基因对生态系统的危害性,且不同地区环境中抗生素的检出情况受各地区用药习惯的影响显著,不同区域水体中抗生素的污染问题仍应得到重视。同时,相对于水体中抗生素污染的广泛研究,沉积物中抗生素污染状况的研究相对较少。沉积物是水体中污染物迁移转化过程中的重要载体和归宿,进入水体的抗生素类污染物会在底泥中形成蓄积性污染,并在一定情况下从沉积物中重新释放至水体中,造成二次污染。因此,除水体外,对沉积物中抗生素的赋存状况展开调查,对于准确把握一个区域环境中抗生素污染状况具有重要意义。

高邮湖水源地水体中磺胺类抗生素检出率和丰度相对较高(表 2.6),其中磺胺间甲氧嘧啶的检出率为 100%,磺胺甲噁唑和磺胺间甲氧嘧啶在水体中的浓度分别为 9.8～15.5 ng/L 和 4.0～12.6 ng/L。相比而言,水体中喹诺酮类抗生素浓度较低，喹诺酮类抗生素性质较不稳定，在光照条件下易发生光解，可能是其残留浓度较低的原因。

高邮湖水源地表层沉积物中磺胺类抗生素的检出率亦为100%。磺胺甲噁唑、磺胺间甲氧嘧啶、甲氧苄氨嘧啶、磺胺喹噁啉和磺胺二甲氧嘧啶的含量分别为NF～15.4 ng/g、5.9～25.3 ng/g、14.0～87.0 ng/g、NF～1.9 ng/g和NF～3.8 ng/g。与水体中检测结果类似，喹诺酮类抗生素在沉积物中的含量较磺胺类更低，诺氟沙星、环丙沙星、氧氟沙星的含量分别为NF、NF～0.7 ng/g和0.1～0.3 ng/g。值得指出的是，洛美沙星的浓度远高于其他喹诺酮类抗生素，这种情况出现的原因可能是取水口附近存在水产养殖。

石相附着生物膜是由矿物颗粒、原生动物、固着细菌、真菌和藻类等构成的集合体，具有较强的吸附能力，在河湖污染物的迁移转化过程中起着决定性作用。高邮湖水源地附着生物膜中抗生素含量较低，磺胺类抗生素占主要部分，喹诺酮类抗生素含量较低。生物膜中洛美沙星的浓度与表层沉积物一致，远高于其他喹诺酮类抗生素。

表2.6 高邮湖菱塘水源地取水口处不同介质中抗生素含量

项目	磺胺甲噁唑	磺胺间甲氧嘧啶	甲氧苄氨嘧啶	磺胺喹噁啉	磺胺二甲氧嘧啶	诺氟沙星	环丙沙星	洛美沙星	恩诺沙星	氧氟沙星
水体 $(ng \cdot L^{-1})$	9.8～15.5	4.0～12.6	NF	NF	NF	NF	NF	NF	NF	NF～1.1
表层沉积物 $(ng \cdot g^{-1})$	NF～15.4	5.9～25.3	14.0～87.0	NF～1.9	NF～3.8	NF	NF～0.7	9.0～31.0	NF～0.3	0.1～0.3
附着生物膜 $(ng \cdot g^{-1})$	0.6～2.2	2.8～7.5	1.2～42.4	0.6～1.1	NF～5.2	NF	NF～0.3	3.2～11.2	NF～0.1	NF～01.4

2.3 底泥营养盐含量

湖泊是一个受岩石圈、大气圈、水圈和生物圈综合影响的复杂系统，湖泊底泥的形成是湖泊及流域受物理、生物和化学等综合作用的结果。湖泊富营养化是由于湖泊中氮、磷等营养元素过度富集而导致的水生生态系统中初级生产力增高的异常现象，氮和磷的严重超标是导致湖泊富营养化的直接原因。底泥在一定情况下影响着湖泊的营养化程度，造成水体富营养化的污染源可分为外源和内源。底泥也是湖泊水环境的重要组成部分，在水体污染研究中具有特殊的重要性。一方面湖泊底泥是环境物质输送的宿体，汇集了流域侵蚀、大气沉降以及人为释放等多种来源的环境物质，是各种物质的蓄积库，承接着对上覆水环境的净化功能；另一方面当外源污染物质得以控制时，湖泊水体环境发生变化，不断向上覆水释放氮磷等营养元素、重金属和难降解有机物，对二次污染的形成又有贡献作用。因此，研究底泥中碳氮磷的含量，对阐明水生态系统中碳氮磷的循环、转移和积累过程，以及在防止富营养化、控制“内负荷”方面都具有重要意义。

2020 年，高邮湖底泥总磷的空间分布呈现明显的地理特征，高邮湖底泥总磷的空间分布较为均匀，仅西部区域 gyh-7 数值较高。各采样点底泥总磷含量介于 375.1～931.3 mg/kg，参考《全国河流湖泊水库底泥污染状况调查评价》，gyh-7 为低于 1 100 mg/kg 的二级断面，其余为低于 730 mg/kg 的一级断面；全湖平均为 578.6 mg/kg，为一级断面。与 2018 年度监测结果相比，底泥总磷含量降低了 21.98％；与 2019 年度监测结果相比，底泥总磷含量降低了 1.22％，见图 2.20。

2020 年，高邮湖底泥总氮的空间分布呈现明显的地理特征，东部区域底泥的总氮含量显著高于中部和西部区域。各采样点底泥总氮含量介于 837.0～2 802.0 mg/kg，参考《全国河流湖泊水库底泥污染状况调查评价》，gyh-2、gyh-5、gyh-7、gyh-8 为低于 1 100 mg/kg 的一级断面，gyh-3、gyh-6、gyh-9 和 gyh-10、gyh-11、gyh-12 为低于 1 600 mg/kg 的二级断面，gyh-4 为低于 2 000 mg/kg 的三级断面，gyh-1 和 gyh-13 为高于 2 000 mg/kg 的四级断面；全湖平均为 1 430.5 mg/kg，为二级断面。与 2018 年度监测结果相比，底泥总氮含量降低了 2.54％；与 2019 年度监测结果相比，底泥总氮含量降低了 25.74％，见图 2.21。

2020 年，高邮湖底泥有机质的空间分布呈现明显的地理特征，东部区域底泥的有机质含量高于中部和西部区域。各采样点底泥有机质含量介于 1.35％～4.18％，参考《全国河流湖泊水库底泥污染状况调查评价》，均为低于 4.48％的一级断面。全湖平均为 2.16％，为一级断面。与 2018 年度监测结果相比，底泥有机质含量增加了 22.21％；与 2019 年度监测结果相比，底泥有机质含量降低了 24.79％，见图 2.22。

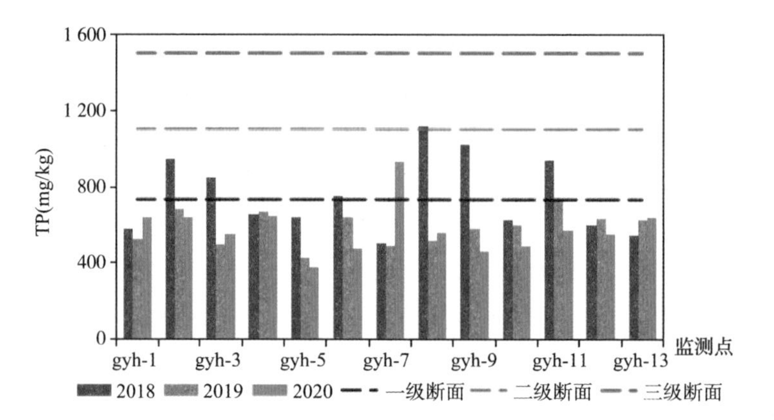

图 2.20　高邮湖底泥总磷空间变化特征

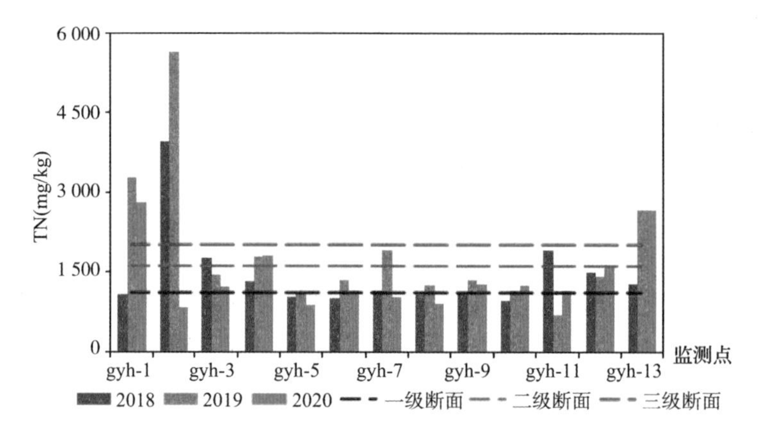

图 2.21　高邮湖底泥总氮空间变化特征

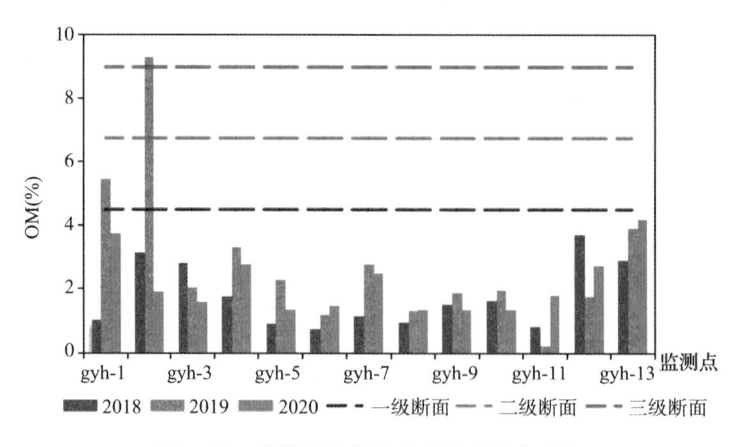

图 2.22　高邮湖底泥有机质空间变化特征

3 水生高等植物群落

大型水生高等植物是湖泊生态系统结构中的重要组成部分，其组成和分布对水域生态系统的结构和功能都有显著影响。调查结果显示：高邮湖水生高等植物种类中挺水植物种类较多，漂浮和浮叶植物种类贫乏，4 月份优势种为沉水植物菹草，8 月份优势种为浮叶植物菱和荇菜。

3.1 种类组成

2020 年 4 月高邮湖水生高等植物共计 13 种，分别隶属于 9 科。按生活类型计，挺水植物 6 种，沉水植物 4 种，浮叶植物 2 种，漂浮植物 1 种，其中绝对优势种为沉水植物菹草。

2020 年 8 月高邮湖水生高等植物共计 16 种，分别隶属于 10 科。按生活类型计，挺水植物 7 种，沉水植物 5 种，漂浮植物 2 种，浮叶植物 2 种，其中绝对优势种为浮叶植物菱和荇菜。具体参考表 3.1 和图 3.1。

表 3.1　2020 年高邮湖水生高等植物统计表

序号	物种名称	4 月	8 月	生活类型
1	**金鱼藻科 Ceratophyllaceae**			
	金鱼藻 *Ceratophyllum demersum*	√	√	沉水
2	**菱科 Trapaceae**			
	菱 *Trapa natans*	√	√	浮叶
3	**小二仙草科 Haloragidaceae**			
	穗状狐尾藻 *Myriophyllum spicatum*	√		沉水
4	**龙胆科 Gentianaceae**			

续表

序号	物种名称	4月	8月	生活类型
	荇菜 *Nymphoides peltata*	√	√	浮叶
5	**眼子菜科 Potamogetonaceae**			
	菹草 *Potamogeton crispus*	√	√	沉水
	龙须眼子菜 *Potamogeton pectinatus*	√	√	沉水
6	**水鳖科 Hydrocharitaceae**			
	轮叶黑藻 *Hydrilla verticillata*		√	沉水
	水鳖 *Hydrocharis dubia*		√	漂浮
	伊乐藻 *Elodea nuttallii*		√	沉水
7	**禾本科 Poaceae**			
	芦苇 *Phragmites australis*	√	√	挺水
	茭草 *Zizania latifolia*	√	√	挺水
	稗 *Echinochloa crusgalli*	√	√	挺水
8	**苋科 Amaranthaceae**			
	空心莲子草 *Alternanthera philoxeroides*	√	√	挺水
9	**睡莲科 Nymphaeaceae**			
	莲 *Nelumbo nucifera*	√	√	挺水
	芡实 *Euryale ferox*	√	√	挺水
10	**槐叶苹科 Salviniaceae**			
	槐叶苹 *Salvinia natans*		√	漂浮
11	**香蒲科 Typhaceae**			
	狭叶香蒲 *Typha angustifolia*		√	挺水
12	**浮萍科 Lemnaceae**			
	浮萍 *Lemna minor*	√		漂浮

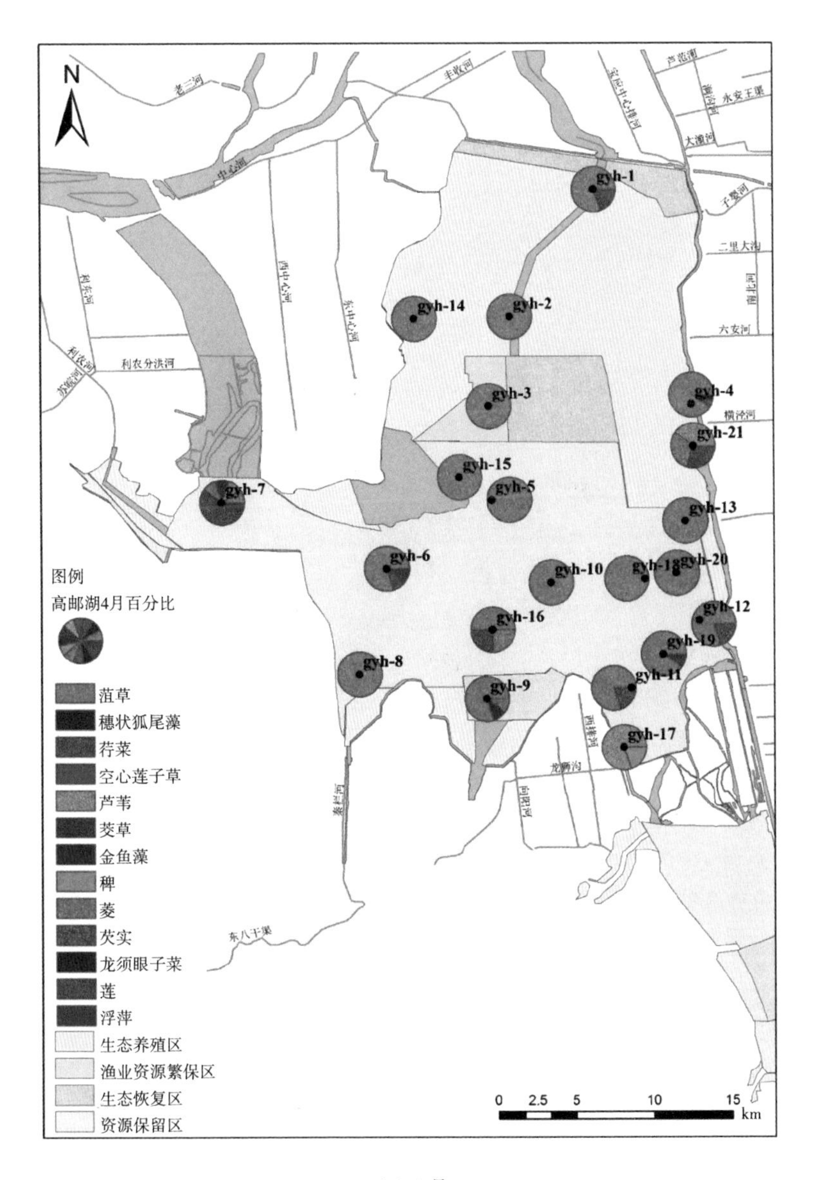
N
gyh-1
gyh-2
gyh-3
gyh-4
gyh-5
gyh-6
gyh-7
gyh-8
gyh-9
gyh-10
gyh-11
gyh-12
gyh-13
gyh-14
gyh-15
gyh-16
gyh-17
gyh-19
gyh-20
gyh-21
图例
高邮湖4月百分比
菹草
穗状狐尾藻
荇菜
空心莲子草
芦苇
茭草
金鱼藻
稗
菱
芡实
龙须眼子菜
莲
浮萍
生态养殖区
渔业资源繁保区
生态恢复区
资源保留区
0 2.5 5 10 15 km

(a) 4 月

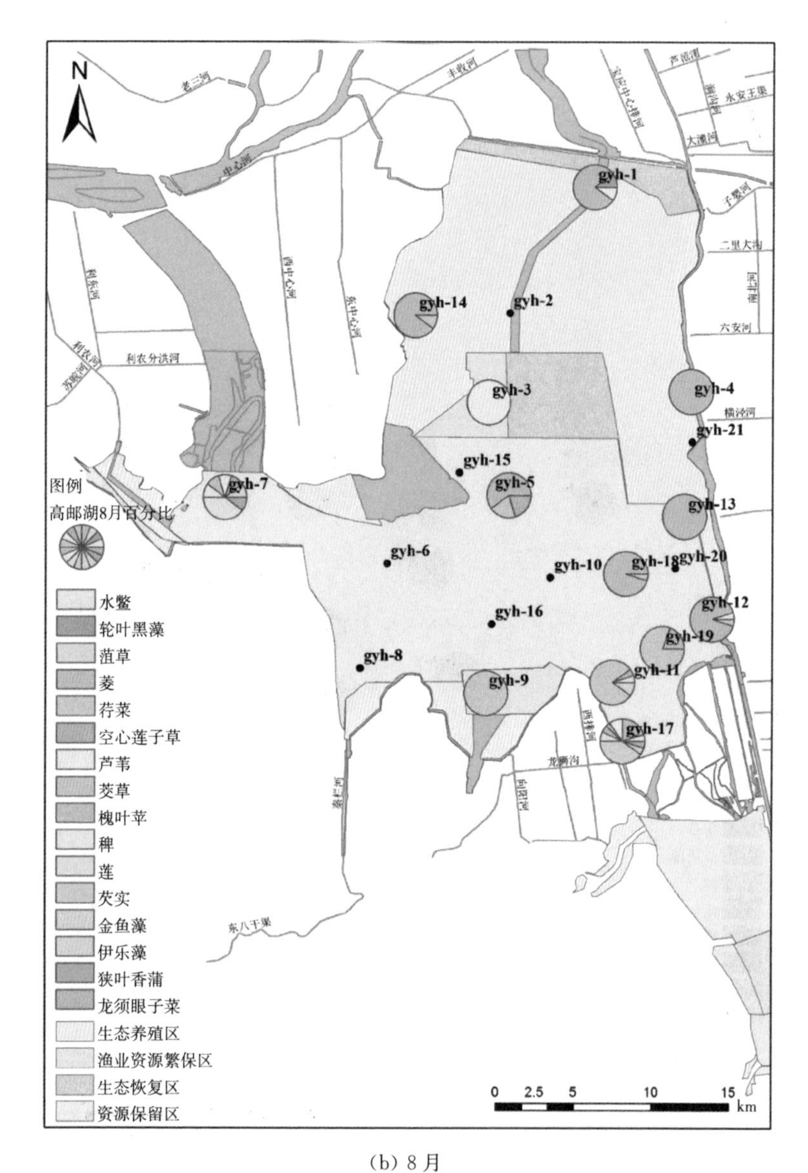

(b) 8月

图 3.1　2020 年高邮湖水生高等植物的群落组成

3.2 生物量与盖度

高邮湖2020年4月水草调查数据表明，菹草频度最高，达到了90.48%，其他种类的频度范围在4.76%~23.81%；8月调查数据显示，菱频度最高，达到47.62%，其次为荇菜33.33%，其他植物频度范围在4.76%~19.05%，见表3.2。

表3.2 2020年高邮湖水生高等植物频度

水生高等植物种类	频度(%)	
	4月	8月
金鱼藻	9.52	4.76
菱	23.81	47.62
穗状狐尾藻	4.76	—
荇菜	19.05	33.33
菹草	90.48	4.76
龙须眼子菜	4.76	4.76
轮叶黑藻	—	4.76
水鳖	—	19.05
伊乐藻	—	4.76
芦苇	14.29	19.05
菱草	4.76	9.52
稗	4.76	—
空心莲子草	9.52	4.76
莲	9.52	9.52
芡实	4.76	4.76
槐叶苹	—	4.76
狭叶香蒲	—	9.52
浮萍	14.29	—

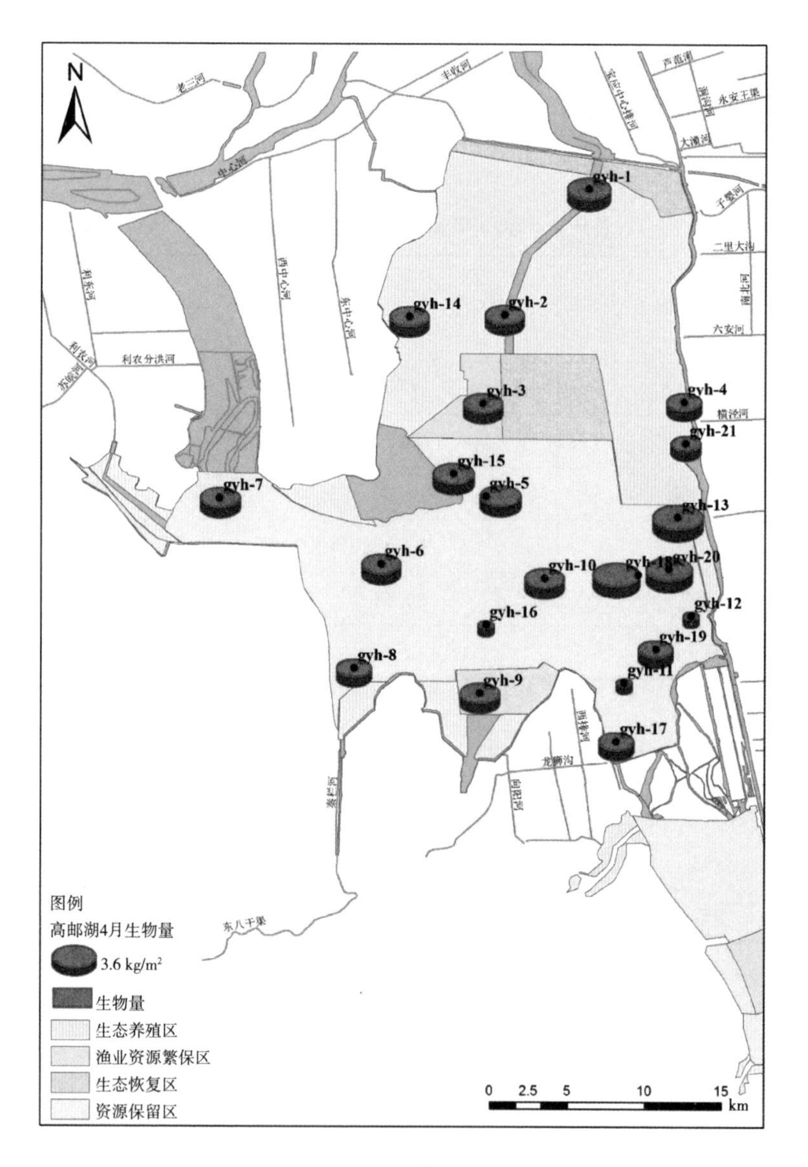
N
gyh-1
gyh-2
gyh-3
gyh-4
gyh-5
gyh-6
gyh-7
gyh-8
gyh-9
gyh-10
gyh-11
gyh-12
gyh-13
gyh-14
gyh-15
gyh-16
gyh-17
gyh-19
gyh-20
gyh-21
老二河
丰收河
中心河
西中心河
东中心河
利东河
利农分洪河
二里大沟
六安河
横泾河
龙腾沟
东八干渠
图例
高邮湖4月生物量
3.6 kg/m²
生物量
生态养殖区
渔业资源繁保区
生态恢复区
资源保留区
0 2.5 5 10 15 km

(a) 4 月

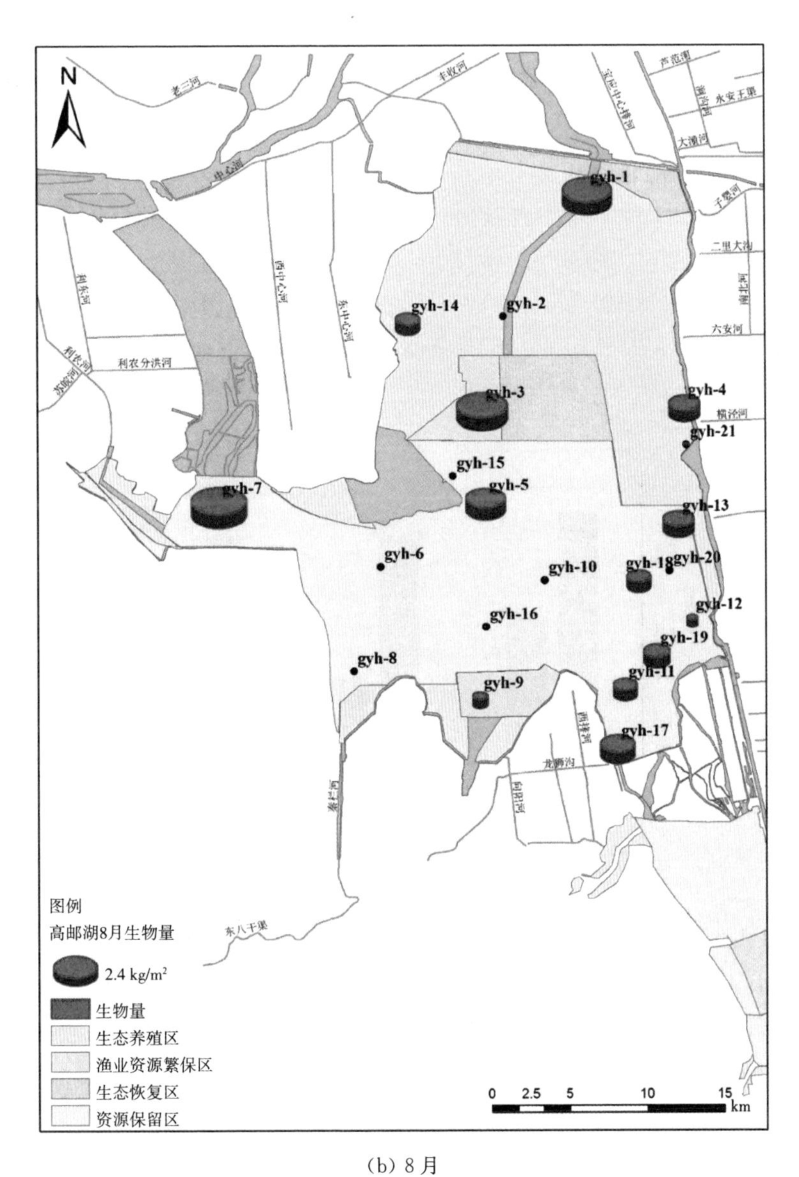

(b) 8月

图 3.2　2020 年高邮湖水生高等植物生物量的空间分布

2020 年 4 月高邮湖 21 个样点水生植物平均生物量约为 2.64 kg/m^2，其中 gyh-13 点位生物量最高为 4.7 kg/m^2，所有监测点位均观察到水生高等植物；8 月份高邮湖 21 个样点水生植物平均生物量约 0.92 kg/m^2，其中 gyh-7 生物总量最高达到 3.75 kg/m^2，8 月份的生态监测中在 gyh-2、gyh-6、gyh-8、gyh-10、gyh-15、gyh-16、gyh-20 和 gyh-21 点位并未监测到水生高等植物，如图 3.2 所示。

图 3.2 显示 gyh-3 和 gyh-9 位于渔业资源繁保区；gyh-1、gyh-2、gyh-4、gyh-14 和 gyh-21 位于生态养殖区；其他点位均位于资源保留区。2020 年 4 月渔业资源繁保区（2.9 kg/m^2）的水生高等植物平均生物量高于生态养殖区（2.6 kg/m^2）和资源保留区（2.6 kg/m^2）；8 月的渔业资源繁保区（1.7 kg/m^2）水生高等植物平均生物量高于生态养殖区（1 kg/m^2）和资源保留区（0.8 kg/m^2），如图 3.3 所示。

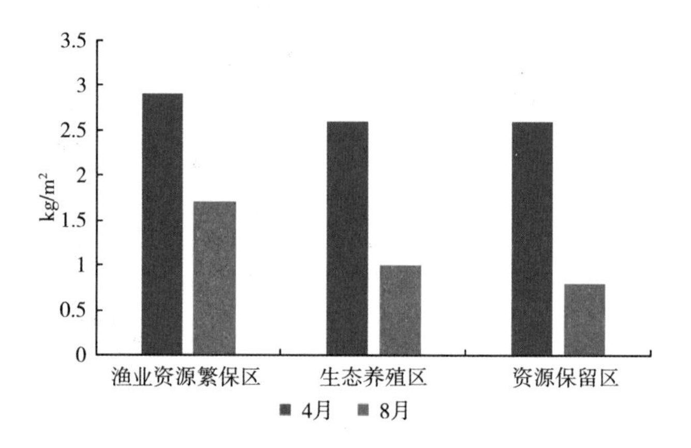

图 3.3　高邮湖各个水功能区的水生高等植物生物量

由图 3.4 可以看出，2020 年 4 月份高邮湖在 21 个样点均观测到水生高等植物，其中 gyh-8 和 gyh-9 采样点盖度较高，均达 100%，湖区中南部多数点位盖度达到 60%以上；2020 年 8 月份高邮湖水生高等植物在 gyh-13 采样点盖度较高，达到 70%，湖区中南部盖度高于其他区域，其他区域在 0%～50%。相比于 4 月，8 月份水生高等植物盖度显著减少。

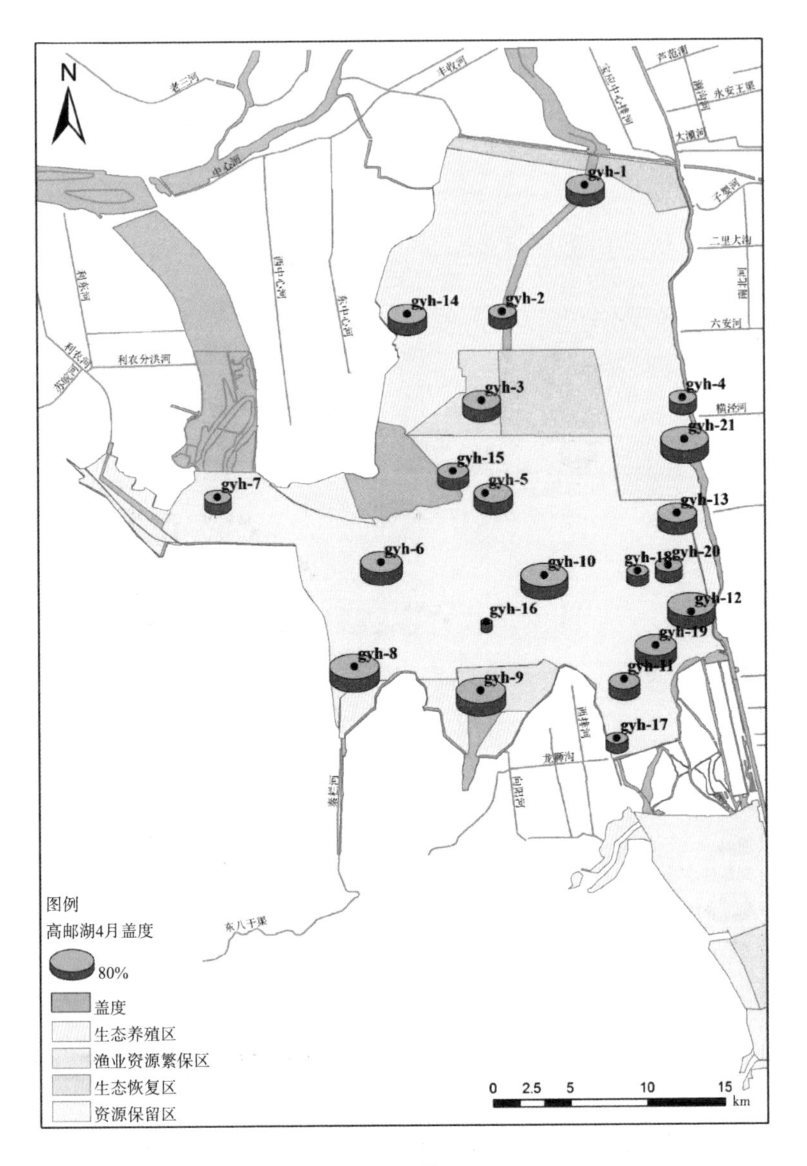
N
gyh-1
gyh-2
gyh-3
gyh-4
gyh-5
gyh-6
gyh-7
gyh-8
gyh-9
gyh-10
gyh-11
gyh-12
gyh-13
gyh-14
gyh-15
gyh-16
gyh-17
gyh-18
gyh-19
gyh-20
gyh-21
图例
高邮湖4月盖度
80%
盖度
生态养殖区
渔业资源繁保区
生态恢复区
资源保留区
0 2.5 5 10 15
km

(a) 4 月

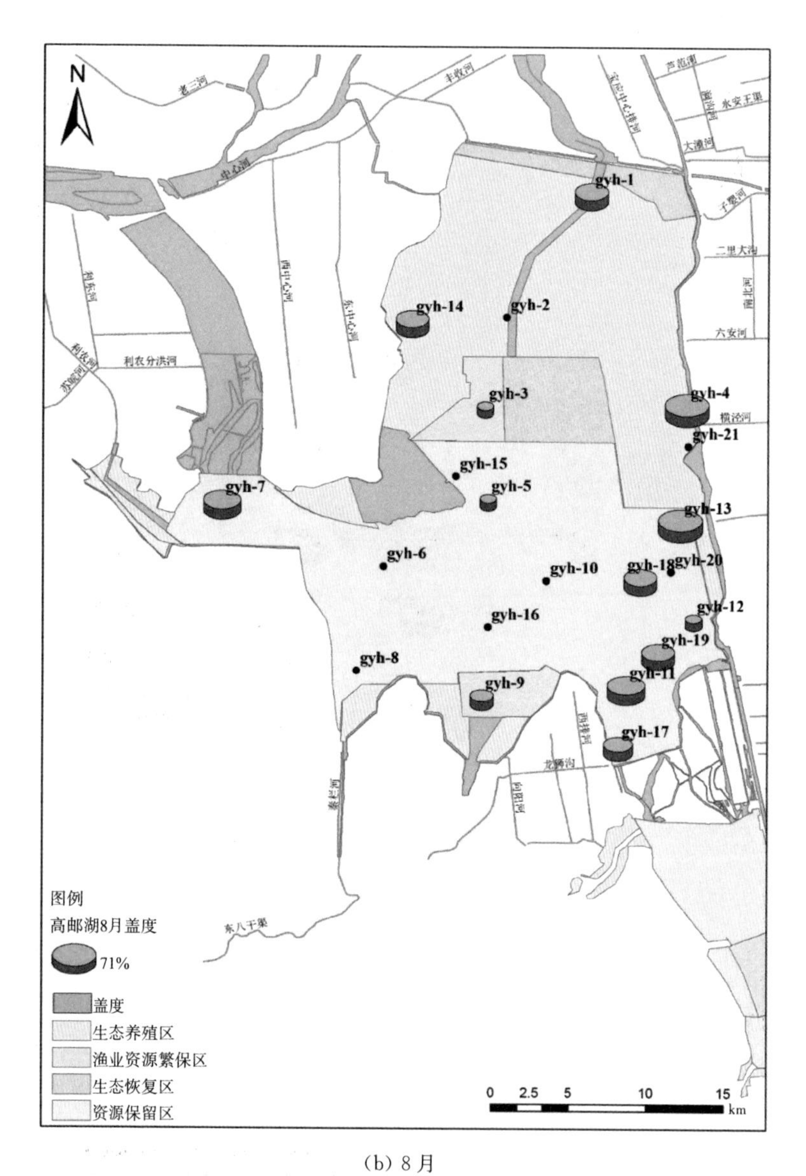

(b) 8月

图 3.4　2020 年高邮湖水生高等植物盖度的空间分布

3.3 历史变化趋势

高邮湖近几年来水生高等植物种类数量的变化情况如图 3.5 所示。春季的监测结果显示，2014 年到 2020 年，高邮湖水生高等植物的种类数量呈波动下降到缓慢上升的趋势，呈现一定的浮动。此外，挺水植物、沉水植物历年间的种类差异不大，构成了水生植物群落的主要组成部分；浮叶植物和漂浮植物种类相对较少。

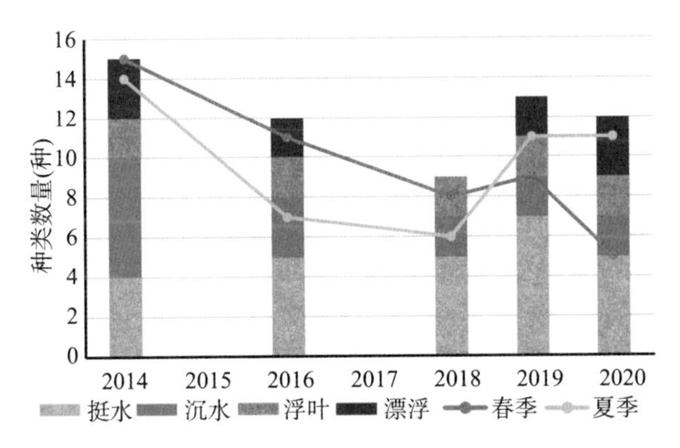

图 3.5 高邮湖水生高等植物种类数量的历年变化

高邮湖近几年来水生高等植物生物量的变化情况如图 3.6 所示。2014 年到 2020 年，高邮湖夏季水生高等植物的生物量整体呈下降的趋势，2020 年夏季全湖生物量最低，只有 0.92 kg/m^2。此外，受菹草的影响，春季的水生植物生物量要高于夏季。

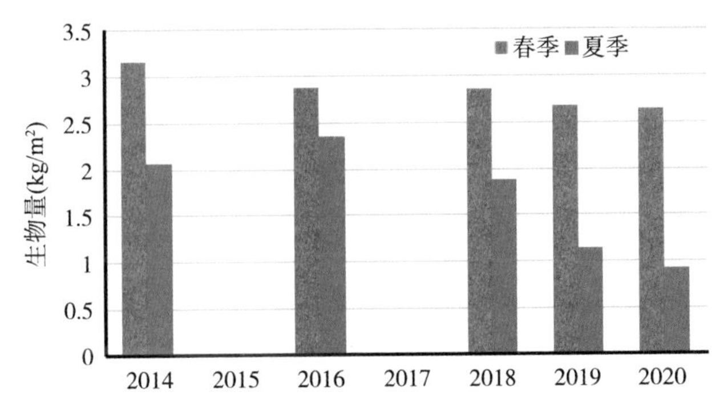

图 3.6 高邮湖水生高等植物生物量的历年变化

2014 年度的调查结果显示：大型水生植物在高邮湖沿岸带及湖心水域均有大量分布，沿岸带盖度稍大于中心水域，中心水域少有大型挺水植物分布。21 个采样点中，均采集到高等水生植物，其中 8 月份与 4 月份相比，水生植物盖度明显降低，主要原因为高邮湖在 4 月份优势种为菹草，菹草属于季节性水生植物，至 8 月份已大量死亡。

2016 年度的调查结果显示：2016 年 4 月份高邮湖水生植物在 gyh-19 采样点盖度较高，达到 100%，整个高邮湖北部和东部的沿岸区域的 gyh-1、gyh-12～gyh-14、gyh-18 和 gyh-21 盖度较高，在 90%以上；2016 年 9 月份高邮湖水生植物在 gyh-13 采样点盖度较高，达到 90%，与 4 月份趋势相似，水生高等植物主要分布在北部和东部的沿岸区。从两次调查结果可以看出，虽然 6—8 月份为水生高等植物的生长周期，但 2016 年 9 月的高邮湖水生植物的生物量和盖度远低于 4 月数值，这主要是因为 6—8 月持续降雨，冲刷作用导致湖心区水生植物数量的减少。除此之外，4 月份的主要优势种菹草，9 月份在各点位上均未发现。

2018 年 4 月份高邮湖在 21 个样点中除去 gyh-4、gyh-6 和 gyh-21 没有观测到水生高等植物，其他点位均有发现，其中 gyh-10 和 gyh-16 采样点盖度较高，达 100%，湖区多数点位盖度达到 90%以上；2018 年 8 月份高邮湖水生高等植物在 gyh-19 采样点盖度较高，达到 90%，其他点位在 0%～40%。相比于 4 月各点监测到的水生高等植物，8 月份水生高等植物盖度显著降低。

2019 年 4 月份高邮湖在 21 个样点中除去 gyh-12 和 gyh-16 没有观测到水生高等植物，其他点位均有发现，其中 gyh-13 采样点盖度较高，达 90%，湖区中南部多数点位盖度达到 80%以上；2019 年 8 月份高邮湖水生高等植物在 gyh-18 采样点盖度较高，达到 80%，湖区中南部盖度高于其他区域，其他区域在 0%～50%。相比于 4 月各点监测到的水生高等植物，8 月份水生高等植物盖度显著降低。

2020 年 4 月份高邮湖在 21 个样点均观测到水生高等植物，其中 gyh-8 和 gyh-9 采样点盖度较高，均达 100%，湖区中南部多数点位盖度达到 60%以上；2020 年 8 月份高邮湖水生高等植物在 gyh-13 采样点盖度较高，达到 70%，湖区中南部盖度高于其他区域，其他区域在 0%～50%。相比于 4 月各点均监测到水生高等植物，8 月份水生高等植物盖度显著降低。

总结历年来高邮湖大型水生高等植物的盖度变化趋势，表 3.3 列举了每个监测季节内盖度最大点位。

表 3.3　高邮湖水生高等植物盖度的历年变化

年份	季节	盖度最大点位
2014	春季	gyh-3(100%)、gyh-5(100%)、gyh-8(100%)、gyh-11(100%)、gyh-13(100%)、gyh-14(100%)、gyh-18(100%)、gyh-19(100%)、gyh-20(100%)、gyh-21(100%)
	夏季	gyh-6(100%)、gyh-13(100%)、gyh-18(100%)
2016	春季	gyh-19(100%)
	夏季	gyh-13(90%)
2018	春季	gyh-10(100%)、gyh-16(100%)
	夏季	gyh-19(90%)
2019	春季	gyh-13(90%)
	夏季	gyh-18(80%)
2020	春季	gyh-8(100%)、gyh-9(100%)
	夏季	gyh-13(70%)

4 浮游植物群落

浮游植物主要包括蓝藻、绿藻、硅藻、裸藻、隐藻、金藻等门类。浮游植物存在于自然界的各种水体之中，是江河湖海中最基本的初级生产者，由于个体小、生活周期短、繁殖速度快，易受环境中各种因素的影响而在较短周期内发生改变。在水体中，浮游植物和所处环境相统一，因此浮游植物的变化（种类组成、种群动态、生理生化等）可反映所处环境的改变，而且相对于理化条件而言，其现存量、种类组成和多样性能更好地反映水体的营养水平。因而浮游植物作为生物学监测指标在水环境评价中得到了广泛的应用。

4.1 种类组成

2020 年高邮湖各采样点浮游植物的种类组成见图 4.1，从全年样品中共观察到浮游植物 85 属，107 种。其中绿藻门的种类最多，有 50 种；其次是蓝藻门，有 25 种；硅藻门有 16 种；裸藻门 6 种；金藻门 5 种；隐藻门 3 种；甲藻门 2 种。

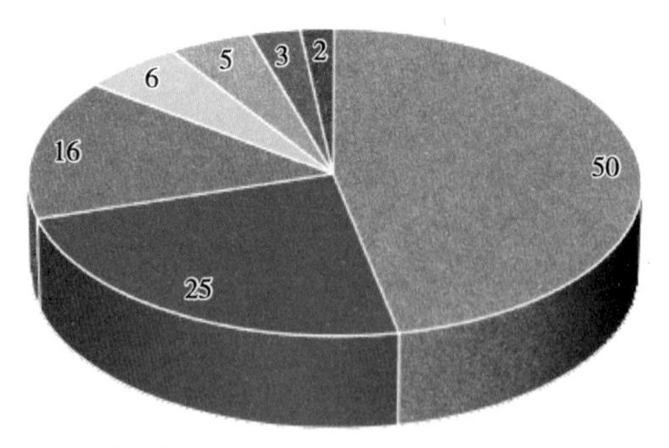

图 4.1 2020 年高邮湖浮游植物的种类数量

高邮湖浮游植物优势种随时间出现明显变化，其中春季浮游植物优势种为假鱼腥藻（*Pseudanabaena* sp.）、鱼腥藻（*Anabaena* sp.）、细小平裂藻（*Merismopedia minima*）、尖尾蓝隐藻（*Chroomonas acuta*）、水华束丝藻（*Aphanizomenon flosaquae*）、小环藻（*Cyclotella* sp.）；夏季浮游植物优势种为假鱼腥藻、细小平裂藻、水华束丝藻、颤藻（*Oscillatoria* sp.）、尖尾蓝隐藻、小环藻；秋季浮游植物优势种为假鱼腥藻、细小平裂藻、浮丝藻（*Planktothrix* sp.）、尖尾蓝隐藻、隐球藻（*Aphanocapsa* sp.）、小环藻；冬季浮游植物优势种为尖尾蓝隐藻、假鱼腥藻、小环藻、衣藻（*Chlamydomonas* sp.）、细小平裂藻、细鞘丝藻（*Leptolyngbya* sp.）、直链藻（*Melosira* sp.）、针杆藻（*Synedra* sp.）。

因此，2020 年春季、夏季和秋季高邮湖浮游植物优势种以蓝藻门为主，冬季优秀种由隐藻门、硅藻门和蓝藻门几大种类组成。

4.2 细胞丰度

2020 年高邮湖浮游植物丰度时间变化见图 4.2。4 月份高邮湖各点浮游植物平均丰度为全年最低，只有 7.14×10^6 cells/L，随着月份的增加，浮游植物平均丰度值逐渐增大，在 10 月份达到本年度最高值 5.51×10^7 cells/L。总体趋势是夏、秋季浮游植物平均丰度最大，春季浮游植物平均丰度稍小，冬季浮游植物平均丰度最小。

图 4.3 表示了 2020 年高邮湖浮游植物细胞丰度的组成及季节变化趋势。春季包含 3、4、5 三个月份，各月份[①]浮游植物细胞丰度分别为：4 月份 $2.85\times10^6\sim1.37\times10^7$ cells/L、5 月份 $2.14\times10^6\sim1.33\times10^8$ cells/L，春季各月份各样点浮游植物平均丰度为 1.68×10^7 cells/L。高邮湖春季浮游植物主要由蓝藻门组成，其占比达到 75.35%，主要原因是春季优势种有蓝藻门的假鱼腥藻、鱼腥藻和细小平裂藻。

夏季包含 6、7、8 三个月份，各月份浮游植物细胞丰度分别为：6 月份 $1.22\times10^6\sim6.17\times10^7$ cells/L、7 月份 $2.83\times10^6\sim8.71\times10^7$ cells/L、8 月份 $3.40\times10^6\sim1.27\times10^8$ cells/L，夏季各月份各样点浮游植物平均丰度为 3.08×10^7 cells/L。高邮湖夏季浮游植物主要由蓝藻门组成，占比达到 80.27%，主要原因是夏季优势种为蓝藻门中的假鱼腥藻、细小平裂藻和水华束丝藻。

① 注：受新冠疫情影响，2020 年 2、3 月没有采集数据。

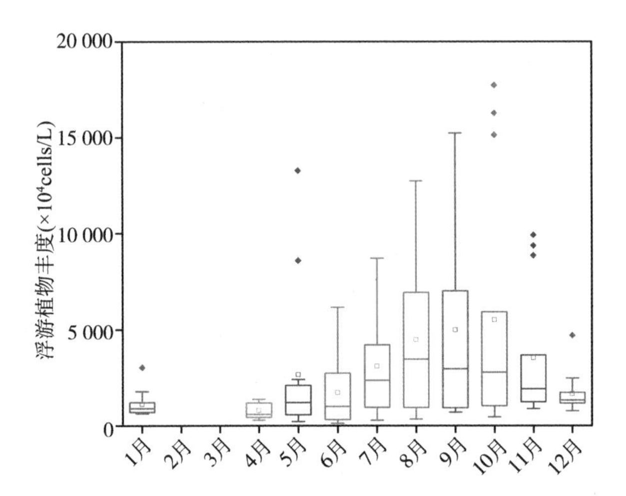

图 4.2　2020 年高邮湖浮游植物丰度时间变化

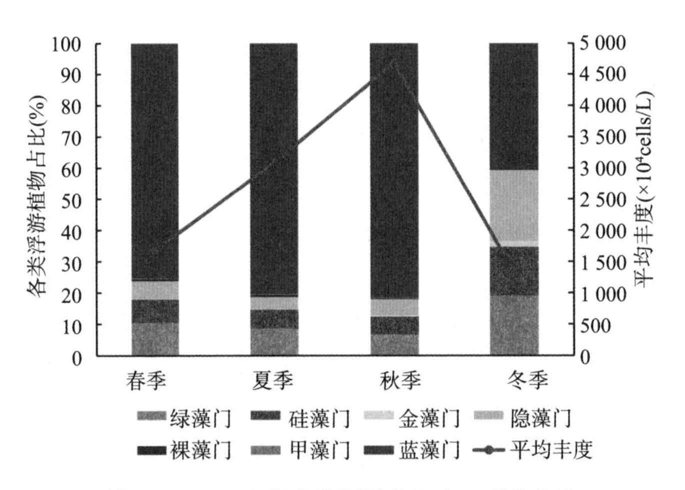

图 4.3　2020 年高邮湖浮游植物丰度季节变化

秋季包含 9、10、11 三个月份，各月份浮游植物细胞丰度分别为：9 月份 $6.94\times10^{6}\sim1.52\times10^{8}$ cells/L、10 月份 $4.44\times10^{6}\sim1.77\times10^{8}$ cells/L、11 月份 $8.82\times10^{6}\sim9.92\times10^{7}$ cells/L，秋季各月份各样点浮游植物平均丰度为 4.67×10^{7} cells/L。高邮湖秋季浮游植物主要由蓝藻门组成，其占比为 81.61%，主要原因是秋季优势种为蓝藻门中的假鱼腥藻、细小平裂藻和浮丝藻。

冬季包含 12、1、2 三个月份，各月份浮游植物细胞丰度分别为：12 月份 $7.67\times10^{6}\sim4.07\times10^{7}$ cells/L、1 月份 $6.35\times10^{6}\sim3.02\times10^{7}$ cells/L，冬季各月各样点

浮游植物平均细胞丰度为 1.32×10^{7} cells/L。高邮湖冬季浮游植物主要由蓝藻门和隐藻门组成，其占比分别为 40.37%、和 22.62%。主要原因为优势种多为尖尾蓝隐藻和假鱼腥藻。

图 4.4 反映了 2020 年高邮湖浮游植物细胞丰度的空间分布。gyh-1 样点浮游植物细胞丰度在 $9.98\times10^{6}\sim1.63\times10^{8}$ cells/L 之间，平均细胞丰度 5.66×10^{7} cells/L；gyh-2 样点浮游植物细胞丰度 $6.85\times10^{6}\sim1.77\times10^{8}$ cells/L 之间，平均细胞丰度 8.41×10^{7} cells/L；gyh-3 样点浮游植物细胞丰度在 $9.22\times10^{6}\sim1.51\times10^{8}$ cells/L 之间，平均细胞丰度 7.07×10^{7} cells/L；gyh-4 样点浮游植物细胞丰度在 $6.37\times10^{6}\sim1.13\times10^{8}$ cells/L 之间，平均细胞丰度 4.69×10^{7} cells/L；gyh-5 样点浮游植物细胞丰度在 $2.14\times10^{6}\sim1.43\times10^{7}$ cells/L 之间，平均细胞丰度 9.11×10^{6} cells/L；gyh-6 样点浮游植物细胞丰度在 $3.14\times10^{6}\sim2.01\times10^{7}$ cells/L 之间，平均细胞丰度 9.85×10^{6} cells/L；gyh-7 样点浮游植物细胞丰度在 $2.26\times10^{6}\sim1.11\times10^{7}$ cells/L 之间，平均细胞丰度 6.12×10^{6} cells/L；gyh-8 样点浮游植物细胞丰度在 $5.45\times10^{6}\sim1.31\times10^{7}$ cells/L，平均细胞丰度 9.41×10^{6} cells/L；gyh-9 样点浮游植物细胞丰度在 $3.48\times10^{6}\sim6.47\times10^{7}$ cells/L 之间，平均细胞丰度 2.62×10^{7} cells/L；gyh-10 样点浮游植物细胞丰度在 $1.22\times10^{6}\sim1.83\times10^{7}$ cells/L 之间，平均细胞丰度 9.25×10^{6} cells/L；gyh-11 样点浮游植物细胞丰度在 $2.81\times10^{6}\sim5.21\times10^{7}$ cells/L 之

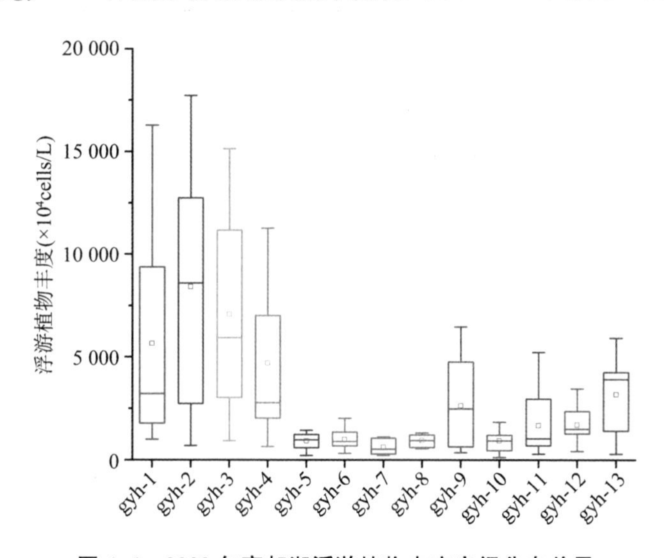

图 4.4　2020 年高邮湖浮游植物丰度空间分布差异

间，平均细胞丰度 1.66×10^{7} cells/L；gyh-12 样点浮游植物细胞丰度在 $4.11\times10^{6}\sim3.45\times10^{7}$ cells/L 之间，平均细胞丰度 1.70×10^{7} cells/L；gyh-13 样点浮游植物细胞丰度在 $2.85\times10^{6}\sim5.93\times10^{7}$ cells/L 之间，平均细胞丰度 3.16×10^{7} cells/L。

样点 gyh-1、gyh-2 和 gyh-4 在生态养殖区；gyh-3 和 gyh-9 在渔业资源繁保区；gyh-5～gyh-8、gyh-10～gyh-13 在资源保留区。2020 年各生态功能区浮游植物细胞平均丰度差异见图 4.5。生态养殖区的平均细胞丰度为 6.25×10^{7} cells/L；渔业资源繁保区平均细胞丰度 4.85×10^{7} cells/L；资源保留区平均细胞丰度 1.36×10^{7} cells/L，其中各功能区丰度的差异主要为蓝藻门细胞丰度的差异。

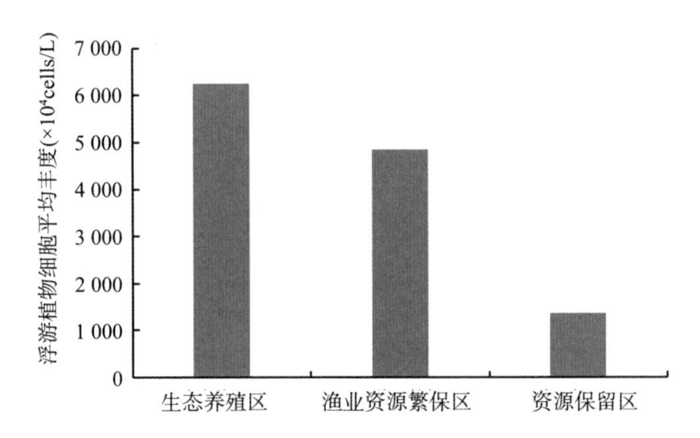

图 4.5　2020 年各生态功能区浮游植物细胞平均丰度差异

图 4.6 表示了 2020 年不同季节高邮湖浮游植物细胞丰度的空间分布差异。从图中可以看出，四个季节浮游植物细胞丰度空间分布相似，春季、夏季和秋季湖区北部(gyh-1～gyh-4)丰度值显著高于其他区域；冬季 gyh-3 点位浮游植物丰度最高。

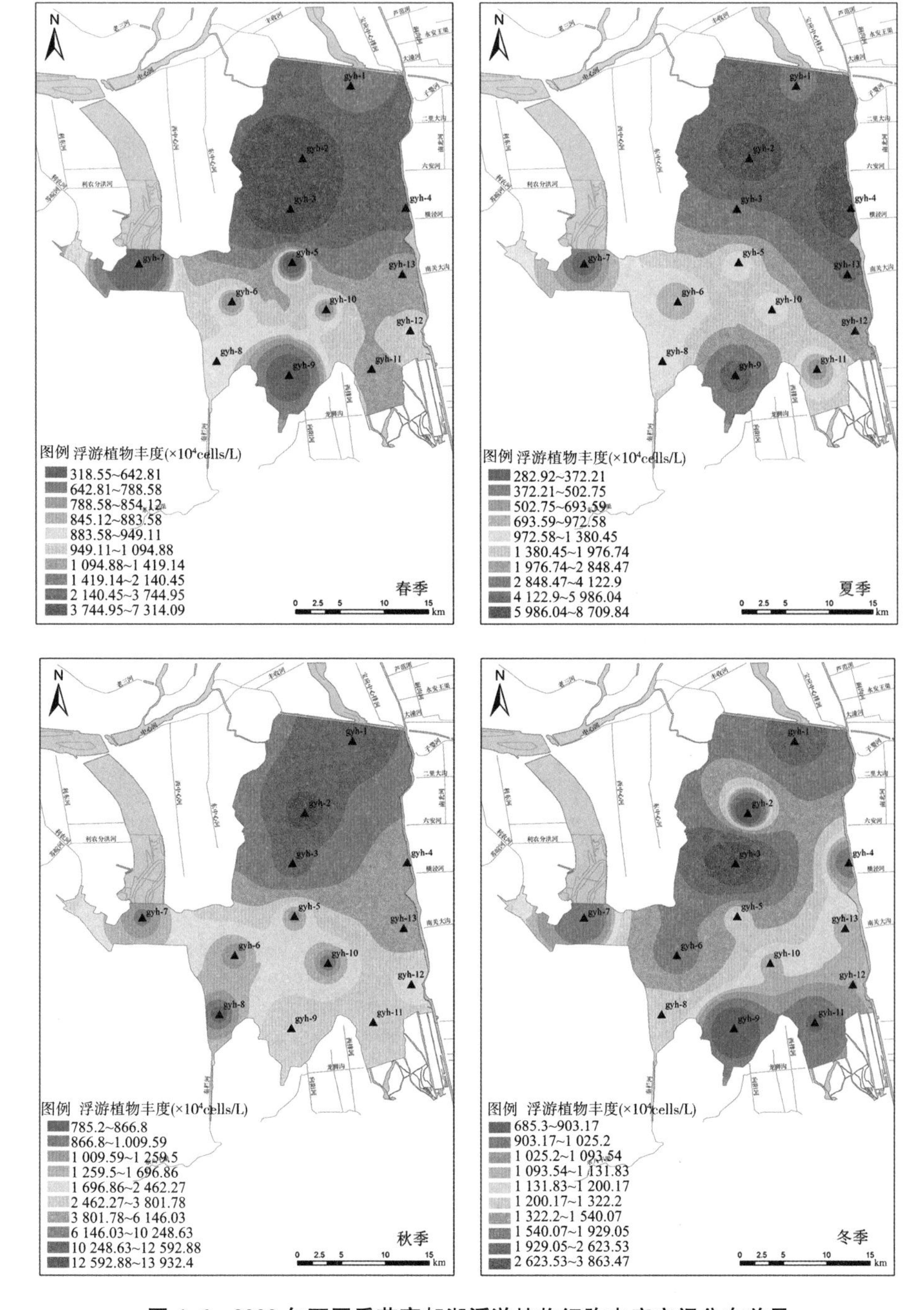

图 4.6　2020 年不同季节高邮湖浮游植物细胞丰度空间分布差异

4.3 群落多样性

浮游植物群落多样性计算采用 Shannon-Wiener（香农-威纳）多样性指数，公式如下：

$$\overline{H}=-\sum(n_i/N)\cdot\ln(n_i/N)$$

其中，$\overline{H}$ 为 Shannon-Wiener 多样性指数；n_i 为第 i 种的个体数（或其他现存量参数）；N 为总个体数（或其他现存量参数）。

2020 年高邮湖各样点之间浮游植物的 Shannon-Wiener 多样性指数空间差异见图 4.7。其中 gyh-1 样点浮游植物的多样性指数在 2.06～2.81 之间，gyh-2 样点浮游植物的多样性指数在 1.46～2.10 之间，gyh-3 样点浮游植物的多样性指数在 1.39～2.33 之间，gyh-4 样点浮游植物的多样性指数在 1.44～2.63 之间，gyh-5 样点浮游植物的多样性指数在 2.03～2.63 之间，gyh-6 样点浮游植物的多样性指数在 1.82～2.72 之间，gyh-7 样点浮游植物的多样性指数在 1.14～2.68 之间，gyh-8 样点浮游植物的多样性指数在 1.61～2.80 之间，gyh-9 样点浮游植物的多样性指数在 1.92～2.61 之间，gyh-10 样点浮游植物的多样性指数在 1.09～2.74 之间，gyh-11 样点浮游植物的多样性指数在 1.65～2.80 之间，gyh-12 样点浮游植物的多样性指数在 1.65～2.83 之间，gyh-13 样点浮游植物的多样性指数在 1.91～2.73 之间。

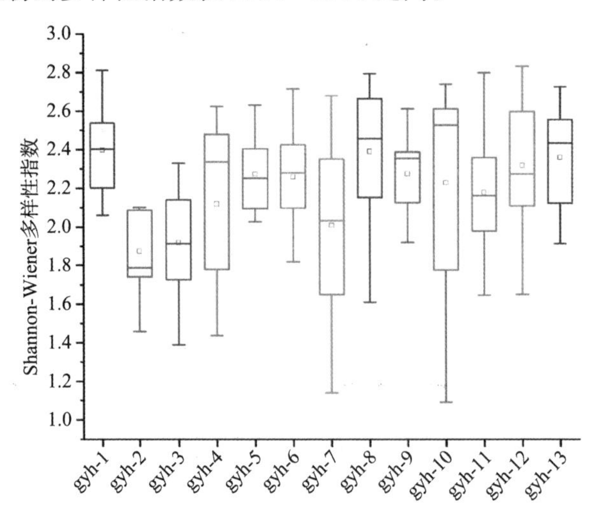

图 4.7　2020 年高邮湖浮游植物 Shannon-Wiener 多样性指数空间差异

从高邮湖各点2020年全年的浮游植物的Shannon-Wiener多样性指数的分布差异及均值可以看出gyh-1多样性指数年均值最高，达到2.40；gyh-2样点多样性指数年均值最低。

2020年高邮湖浮游植物Shannon-Wiener多样性指数季节变化见图4.8。冬季多样性指数最高，达到2.30；春季多样性指数最低，仅2.02。

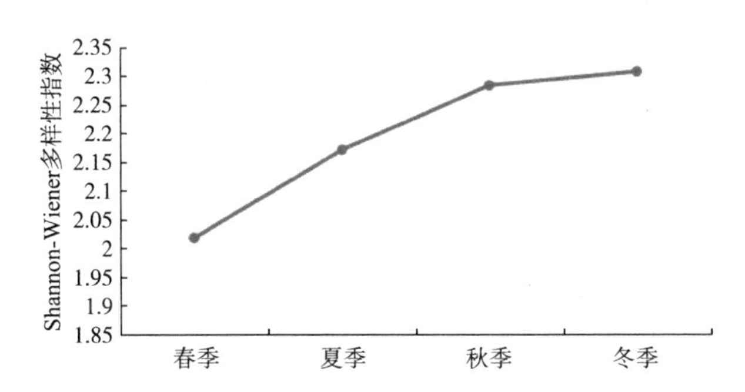

图4.8 2020年高邮湖浮游植物Shannon-Wiener多样性指数季节变化趋势

Pielou均匀度指数，其公式为：

$$e=\overline{H}/\ln S$$

其中，e为Pielou均匀度指数；$\overline{H}$为Shannon-Wiener指数；S为种类数。

2020年高邮湖各点浮游植物的均匀度指数空间差异见图4.9。其中gyh-1样点浮游植物的均匀度指数在0.58～0.82之间，gyh-2样点浮游植物的均匀度指数在0.43～0.63之间，gyh-3样点浮游植物的均匀度指数在0.42～0.79之间，gyh-4样点浮游植物的均匀度指数在0.41～0.79之间，gyh-5样点浮游植物的均匀度指数在0.67～0.83之间，gyh-6样点浮游植物的均匀度指数在0.67～0.85之间，gyh-7样点浮游植物的均匀度指数在0.48～0.92之间，gyh-8样点浮游植物的均匀度指数在0.57～0.86之间，gyh-9样点浮游植物的均匀度指数在0.57～0.81之间，gyh-10样点浮游植物的均匀度指数在0.45～0.95之间，gyh-11样点浮游植物的均匀度指数在0.57～0.85之间，gyh-12样点浮游植物的均匀度指数在0.52～0.84之间，gyh-13样点浮游植物的均匀度指数在0.56～0.81之间。

高邮湖各点2020年全年浮游植物的均匀度指数分布显示位于湖区南部的gyh-6样点年均值最高，达到0.76；而位于湖区北部的gyh-2样点均匀度指数最低，仅有0.56。

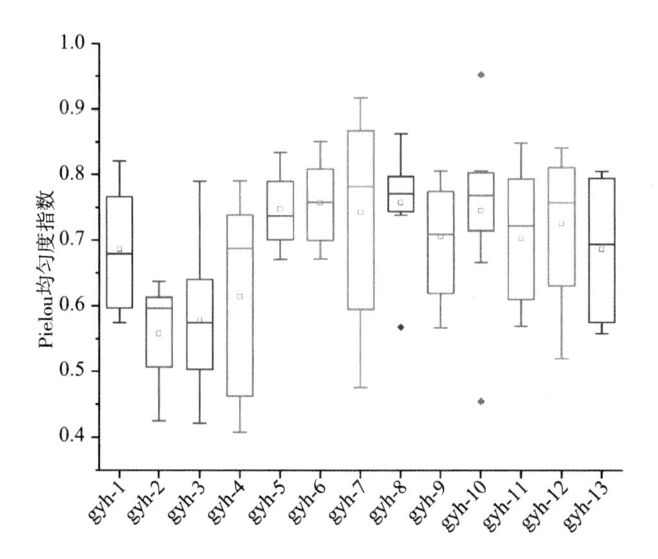

图 4.9 2020 年高邮湖浮游植物 Pielou 均匀度指数空间差异

2020 年高邮湖浮游植物均匀度指数季节变化见图 4.10。冬季均匀度指数最高,在 0.73 左右;秋季均匀度指数最低,在 0.67 左右。

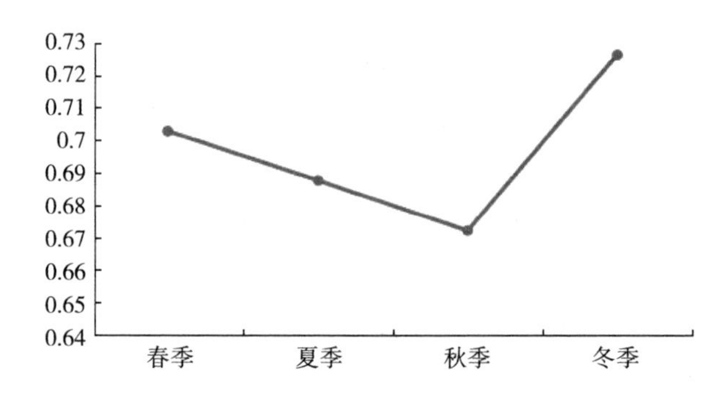

图 4.10 2020 年高邮湖浮游植物 Pielou 均匀度指数季节变化

通过计算,利用浮游植物多样性指数和均匀度指数对高邮湖水体进行水质评价。高邮湖浮游植物的多样性指数 2020 年平均值约为 2.19,从多样性指数可以判断该水体属于轻度污染水体。从浮游植物的均匀度来看,年平均值为 0.70,亦指示高邮湖为轻度污染水体。

4.4 历史变化趋势

对比 2014、2016、2018、2019、2020 年度高邮湖水生态监测的浮游植物差异，分别从浮游植物群落的种类数量、细胞丰度以及多样性指数等角度对其历史变化趋势进行分析，结果如下：

高邮湖近些年来浮游植物种类数量的变化情况见图 4.11。整体上，浮游植物种类呈现一定浮动，整体变化不大，绿藻门、硅藻门和蓝藻门是高邮湖主要的种类。

高邮湖近些年来浮游植物细胞丰度的变化情况见图 4.12。整体上，2014 年到 2020 年，浮游植物年平均丰度呈现先下降再上升的趋势，在 2018 年丰度达到最低值，高邮湖作为过水型湖泊，浮游植物丰度受入湖水量影响较大。通过分析各季节的丰度值变化可知，夏季和秋季的浮游植物细胞丰度显著高于春季和冬季，且呈现出波动，分别在 2019 和 2020 年度达到最高值。

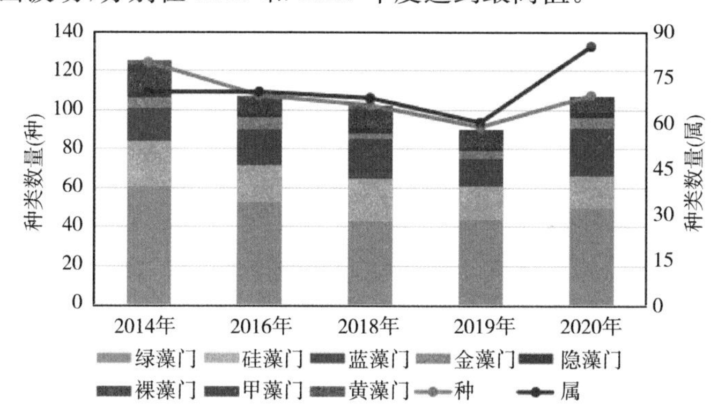

图 4.11　高邮湖浮游植物种类数量的历年变化

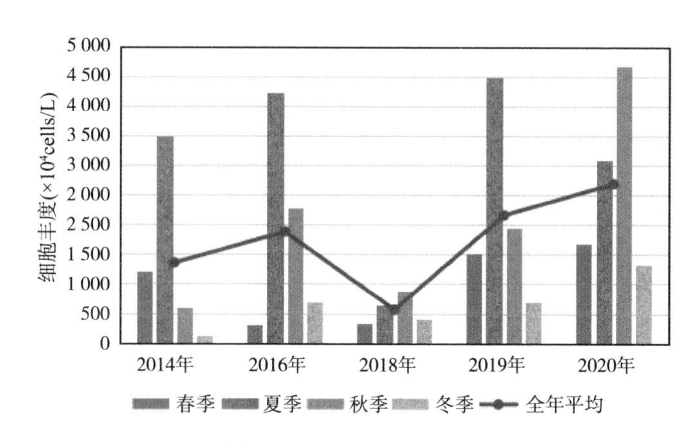

图 4.12　高邮湖浮游植物细胞丰度的历年变化

高邮湖近几年来浮游植物群落 alpha 多样性指数(Shannon-Wiener 多样性指数和 Pielou 均匀度指数)的变化情况见图 4. 13。从图中可以看出,浮游植物群落 alpha 多样性指数呈现出先降低后上升的变化过程,生物多样性呈现增长的趋势。

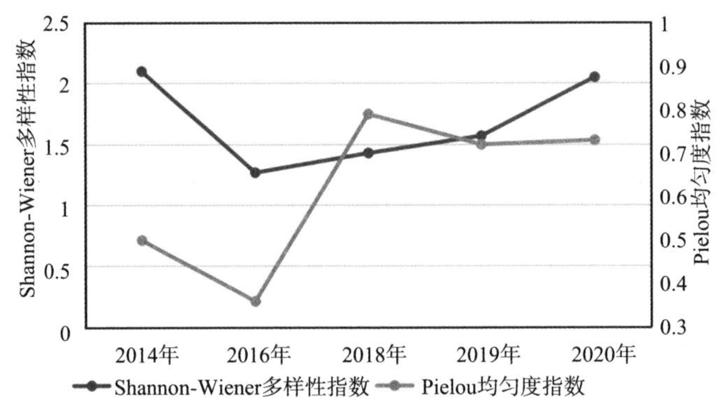

图 4. 13 高邮湖浮游植物群落多样性指数的历年变化

5 浮游动物群落

水体的浮游动物由原生动物、轮虫、枝角类和桡足类四大类组成。它们是鱼类的天然饲料，是一类可供人们开发利用的水产资源，同时湖泊、水库内的浮游动物在生态环境、食物链上也起一定的作用。它们的种类组成、数量多少还可以用于表征湖泊水库的营养状况。因此在高邮湖的生态环境及其水环境富营养化研究中，开展浮游动物监测工作是非常重要的。

5.1 种类组成

高邮湖浮游动物种类较多，2020 年全年浮游动物水样镜检见到的种类共有 91 种(含桡足类的无节幼体与桡足幼体)(图 5.1)，其中原生动物 28 种，占总种类的 30.8%；轮虫 34 种，占 37.4%；枝角类 16 种，占 17.6%；桡足类 13 种，占 14.3%。

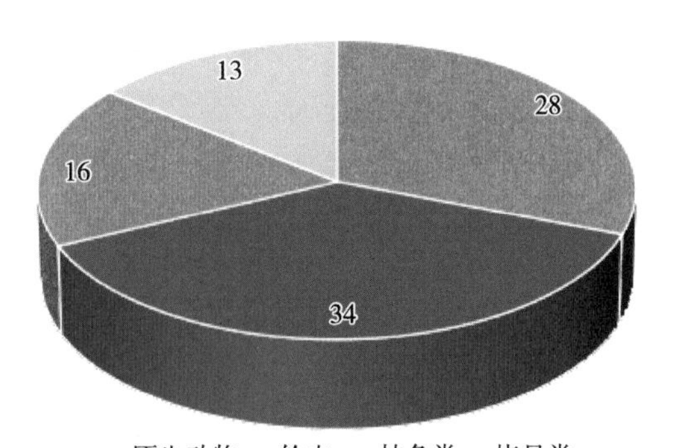

图 5.1 高邮湖浮游动物的种类数量

高邮湖见到的浮游动物多为普生性种类。其中原生动物优势种包括：急游虫(*Strombidium* sp.)、侠盗虫(*Strobilidium* sp.)、长筒拟铃壳虫(*Tintinnopsis tubulosa*)、江苏拟铃壳虫(*Tintinnopsis kiangsuensis*)、王氏拟铃壳虫(*Tintin-*

nopsis wangi)、筒壳虫(*Tintinnidium* sp.)、游仆虫(*Euplotes* sp.)、球砂壳虫(*Difflugia globulosa*);轮虫优势种包括:螺形龟甲轮虫(*Keratella cochlearis*)、曲腿龟甲轮虫(*Keratella valga*)、萼花臂尾轮虫(*Brachionus calyciflorus*)、角突臂尾轮虫(*Brachionus angularis*)、暗小异尾轮虫(*Trichocerca pusilla*)、长三肢轮虫(*Filinia longiseta*)、针簇多肢轮虫(*Polyarthra trigla*)、裂痕龟纹轮虫(*Anuraeopsis fissa*)、晶囊轮虫(*Asplanchna* sp.);枝角类优势种包括:短尾秀体溞(*Diaphanosoma brachyurum*)、长额象鼻溞(*Bosmina longirostris*)、多刺裸腹溞(*Moina macrocopa*)、角突网纹溞(*Ceriodaphnia cornuta*);桡足类优势种包括:广布中剑水蚤(*Mesocyclops leuckarti*)、近邻剑水蚤(*Cyclops vicinus*)、指状许水蚤(*Schmacheria inopinus*)、汤匙华哲水蚤(*Sinocalanus dorrii*)、中华窄腹剑水蚤(*Limnoithona sinensis*),此外还有无节幼体(Nauplius)。

5.2 密度和生物量

2020年高邮湖浮游动物总密度时空变化见图5.2。2020年高邮湖浮游动物的密度分布在655～20 375 ind./L范围之间,均值为5 877 ind./L。时间上,8月高邮湖各点浮游动物密度为全年最低,5—6月浮游动物密度均值相对较高,分别为11 233 ind./L和11 029 ind./L。空间上,靠近湖区北边宝应湖退水闸的gyh-1浮游动物密度均值显著高于其他湖区。

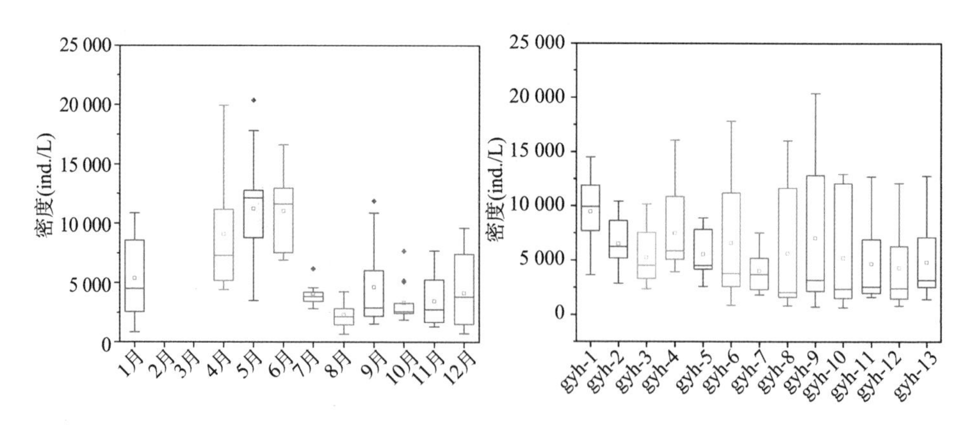

图5.2 2020年高邮湖浮游动物总密度时空变化

2020年高邮湖浮游动物密度分布的季节变化见图5.3。原生动物是高邮湖浮游动物密度各季节主要的类群,各季节占比在59.8%～78.0%范围内。

季节上，浮游动物总密度在春季最高，达到 10 176 ind./L；秋季最低，只有 3 833 ind./L。

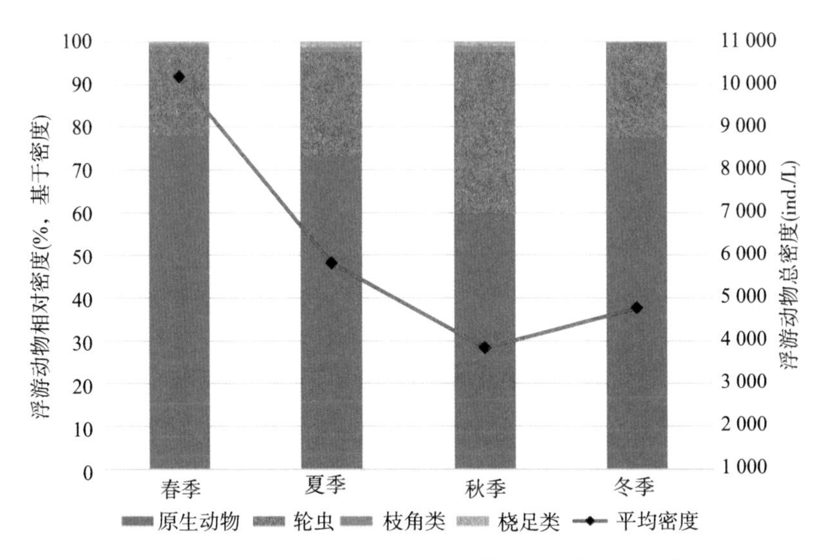

图 5.3　2020 年高邮湖浮游动物密度分布的季节变化

原生动物周年数量中，数量最多的是 5 月份，为 8 677 ind./L；最少的是 8 月份，仅 1 708 ind./L。月平均数量超过年平均数的有 3 个月，主要集中在春季和夏季。

轮虫周年数量中，数量最多的是 6 月份，为 2 523 ind./L；最少的是 8 月份，为 546 ind./L。月平均数量超过年平均的有 4 个月，主要集中在春季和夏季。

高邮湖中枝角类和桡足类的数量整体变化趋势相似。枝角类周年数量最多的是 6 月份，为 120 ind./L；最少的是 1 月份，为 5 ind./L。月平均数量超过年平均数量的有 4 个月，主要集中在春季和夏季。桡足类周年数量最多的是 6 月份，为 132 ind./L；最少的是 1 月份，为 12 ind./L。月平均数量超过年平均数量的有 4 个月，主要集中在春季和夏季。

2020 年高邮湖浮游动物生物量时空变化见图 5.4。2020 年高邮湖浮游动物生物量分布在 0.21～15.54 mg/L 范围之间，均值为 4.70 mg/L。时间上，6 月高邮湖各点浮游动物平均生物量最高，为 10.10 mg/L；12 月生物量均值相对较低，只有 2.00 mg/L。

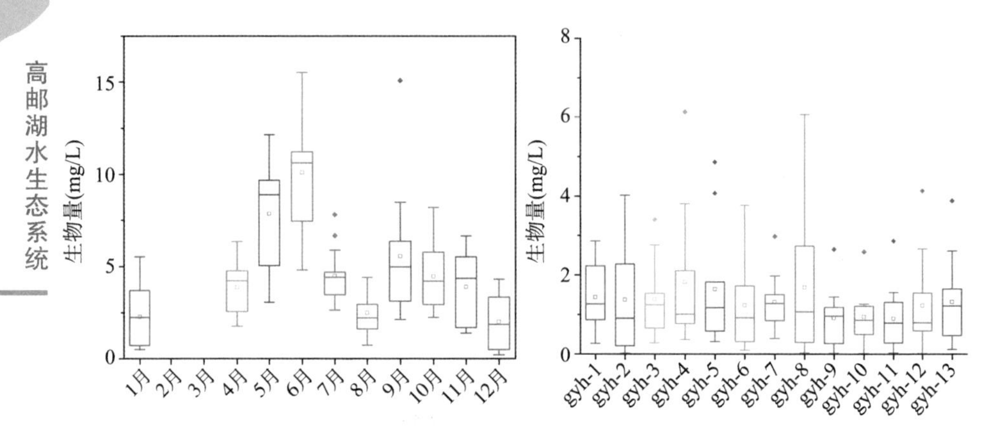

图 5.4　2020 年高邮湖浮游动物生物量时空变化

2020 年高邮湖浮游动物的总生物量季节上呈现春、夏、秋、冬逐渐降低的趋势(图 5.5)。轮虫在冬季生物量占比最高,达到 65.4%。各季节浮游动物生物量主要由轮虫、枝角类和桡足类组成。

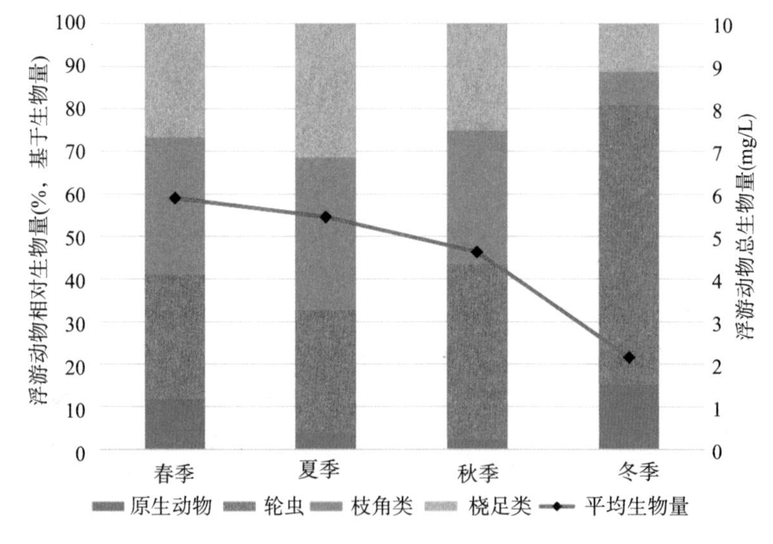

图 5.5　2020 年高邮湖浮游动物生物量分布的季节变化

浮游动物中的枝角类是鱼类的上好饵料。它的数量多少、生物量大小受水温影响很大,特别是其生殖受水温影响,水温不但影响其数量多少,而且影响其生殖方式。枝角类生殖方式有两种,一种是孤雌生殖(单性生殖),另一种是两性生殖。

2020 年高邮湖生态功能区浮游动物平均生物密度、平均生物量分别见图 5.6、图 5.7。从高邮湖生态分区来看，资源保留区、渔业资源繁保区浮游动物生物密度年均值比较接近，均小于生态养殖区，各区浮游动物密度以原生动物和轮虫为主。不同生态功能区浮游动物生物量年均值大小为：生态养殖区＞资源保留区＞渔业资源繁保区，各区浮游动物生物量以轮虫、枝角类和桡足类为主。

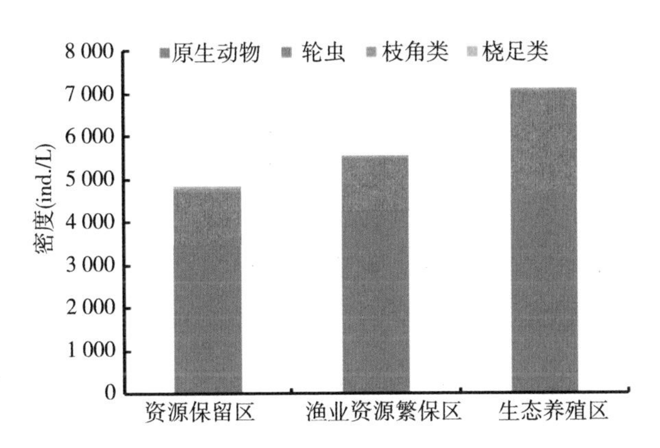

图 5.6　2020 年高邮湖生态功能区浮游动物平均生物密度

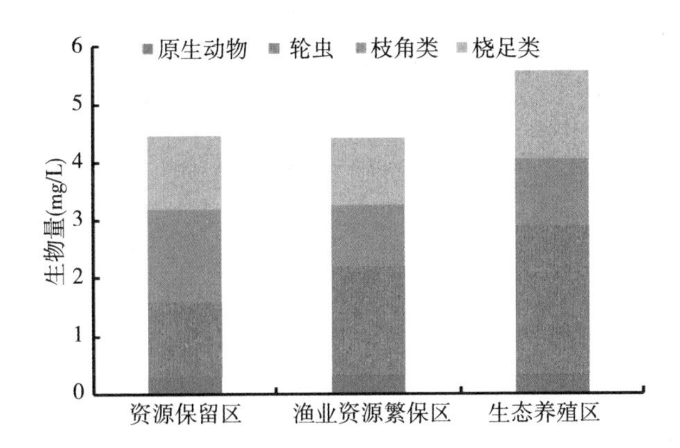

图 5.7　2020 年高邮湖生态功能区浮游动物平均生物量

5.3　群落多样性

2020 年高邮湖浮游动物群落的 Shannon-Wiener 多样性时空变化见图 5.8。Shannon-Wiener 多样性指数分布范围在 1.31～3.38 之间，均值为 2.43。季节上，秋季多样性指数均值最高，达到 2.57，夏季次之，春季和冬季较低。相对来说，湖区不同点位之间浮游动物多样性差异不大，各点位多样性均值范围在 2.19～2.71 之间，其中湖区北部靠近宝应湖退水闸的 gyh-1 点位多样性均值最高，而靠近淮河入江水道附近的 gyh-7 点位多样性均值相对较低。

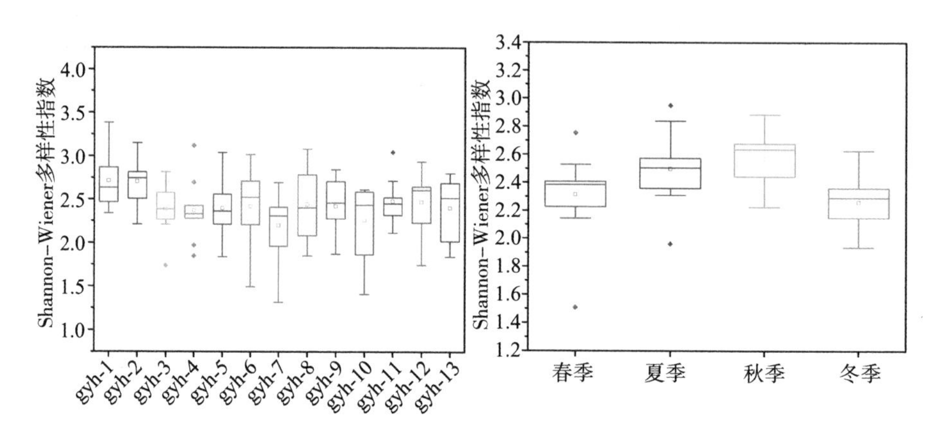

图 5.8　2020 年高邮湖浮游动物 Shannon-Wiener 多样性时空变化

2020 年高邮湖浮游动物群落的 Pielou 均匀度时空变化见图 5.9。Pielou 均匀度指数分布范围在 0.51～0.96 之间，均值为 0.78。季节上秋季均匀度指数均值最高，达到 0.82，冬季次之，春季最低，只有 0.72。湖区不同点位浮游动物 Pielou 均匀度均值分布范围在 0.71～0.83 之间，各样点均匀度均值差异不大，其中南部的 gyh-12 均匀度均值相对较高，靠近淮河入江水道附近的 gyh-7 点位相对较低。

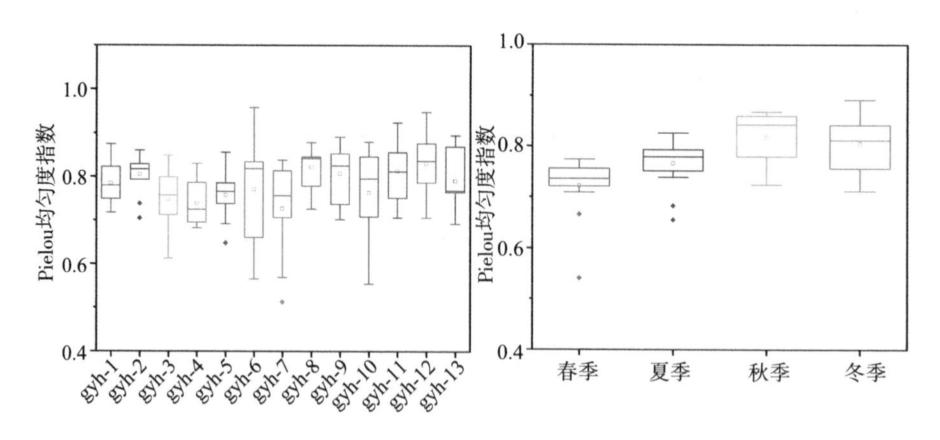

图 5.9　2020 年高邮湖浮游动物 Pielou 均匀度时空变化

5.4 历史变化趋势

对比 2014、2016、2018、2019、2020 年度高邮湖水生态监测的浮游动物差异，分别从浮游动物群落的种类数量、密度、生物量等角度对其历史变化趋势进行分析，结果如下。

高邮湖近些年来浮游动物种类数量的变化情况见图 5.10。整体上，浮游动物种类呈上升趋势，2016 年浮游动物种类数量较 2014 年小幅减小，而 2020 年度浮游动物种类数量最多。其中原生动物的种类数量在 2016 和 2018—2020 年无较大变化，轮虫种类在 2018—2020 年度逐年上升，枝角类与桡足类因种类较少，年际变化不明显。

高邮湖近些年来浮游动物密度的变化情况见图 5.11。浮游动物密度存在较大的波动，其中在 2019 年达到最高，2014 年至 2018 年呈缓慢下降趋势。高邮湖浮游动物的总体密度是由原生动物数量多寡决定的，其次是轮虫，而枝角类

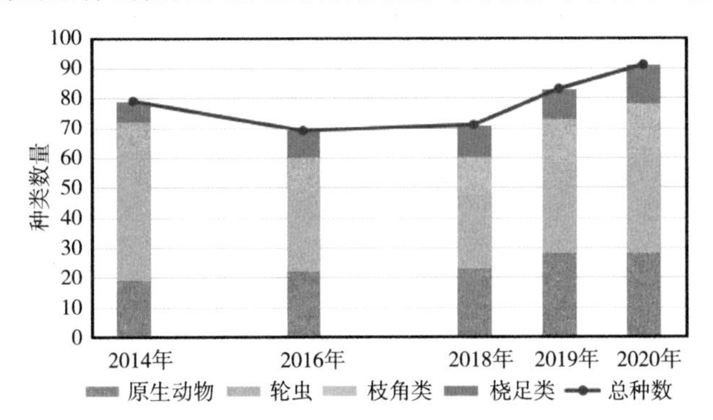

图 5.10　高邮湖浮游动物种类数量的历年变化

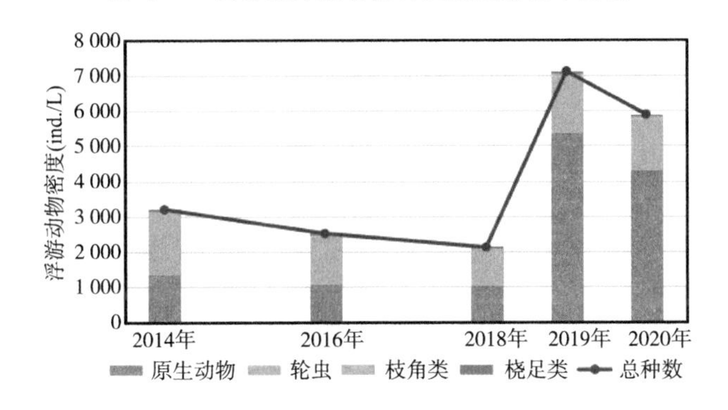

图 5.11　高邮湖浮游动物密度的历年变化

和桡足类的数量较少。浮游动物密度整体波动趋势也体现在了原生动物密度的变化上，其中原生动物密度在 2019 年达到最高。原生动物的年际分布特征与桡足类相似。

高邮湖近些年来浮游动物生物量的变化情况见图 5.12。浮游动物生物量的变化趋势与密度类似，存在剧烈的波动情况，其中 2019 年浮游动物生物量达到最高值，而 2014 年度的轮虫生物量是最高的。高邮湖浮游动物的生物量几乎完全是由轮虫决定，轮虫多数时间是高邮湖水体中生物量最大的浮游动物类群。

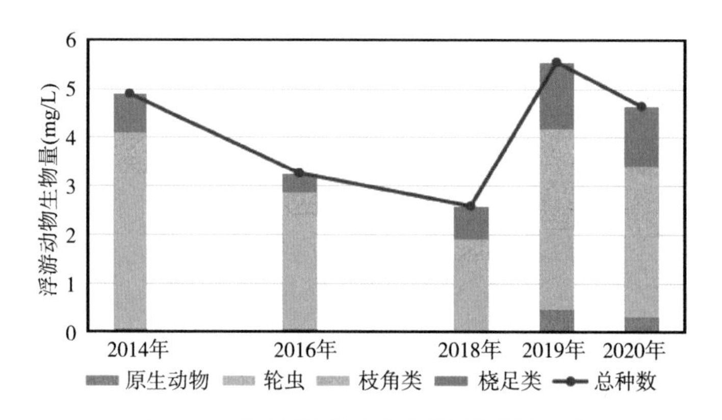

图 5.12　高邮湖浮游动物生物量的历年变化

6 底栖动物群落

底栖动物是指生活史的全部或大部分时间生活于水体底部的水生动物群，底栖动物是一个生态学概念。淡水底栖动物的种类繁多，在无脊椎动物方面主要包括最低等的原生动物门到节肢动物门的所有门类。在湖泊中底栖动物主要包括水生寡毛类（水蚯蚓等）、软体动物（螺蚌等）和水生昆虫幼虫（摇蚊幼虫等）。湖泊底栖动物采样一般用采泥器法，湖泊中的各个采样点作为小样本，用改良彼得生（Peterson）采泥器进行采集，由若干小样本连成的若干断面为大样本，然后由样本推断总体。底栖动物采样点的设置要尽可能与水的理化分析采样点一致，以便于数据的分析比较。

6.1 种类组成

2020 年高邮湖共鉴定出底栖动物 23 种（属），见表 6.1。软体动物种类最多，共计 9 种，其中螺类 4 种、蚬类 2 种以及贻贝 3 种；寡毛类次之，共 7 种，主要以寡毛纲颤蚓科为主；摇蚊幼虫有 5 种；其他包括沙蚕和异钩虾各 1 种。

表 6.1 高邮湖底栖动物名录

种类	学名
摇蚊科	**Chironomidae**
羽摇蚊	*Chironomus plumosus*
红裸须摇蚊	*Propsilocerus akamusi*
中国长足摇蚊	*Tanypus chinensis*
软铗小摇蚊	*Microchironomus tener*
德永雕翅摇蚊	*Glyptotendipes tokunagai*
寡毛类	**Oligochaeta**

续表

种类	学名
苏氏尾鳃蚓	*Branchiura sowerbyi*
颤蚓属	*Tubifex* sp.
霍甫水丝蚓	*Limnodrilus hoffmeisteri*
克拉泊水丝蚓	*Limnodrilus claparedeianus*
管水蚓属	*Aulodrilus* sp.
扁舌蛭	*Glossiphonia complanata*
八目山蛭	*Erpobdella octoculata*
软体动物	**Mollusca**
梨形环棱螺	*Bellamya purificata*
中华圆田螺	*Parafossarulus striatulus*
长角涵螺	*Alocinma longicornis*
赤豆螺	*Bithynia fuchsiana*
具角无齿蚌	*Anodonta angula*
河蚬	*Corbicula fluminea*
拉氏蚬	*Corbicula largillierti*
沼蛤	*Limnoperna fortunei*
中国淡水蛏	*Novaculina chinensis*
其他	**Others**
沙蚕	*Nereis succinea*
异钩虾	*Anisogammarus* sp.

6.2 密度和生物量

2020年高邮湖底栖动物密度和生物量见表6.2。高邮湖底栖动物密度和生物量被少数种类所主导。密度方面，摇蚊科幼虫的中国长足摇蚊、羽摇蚊，寡毛类的颤蚓属、克拉泊水丝蚓、苏氏尾鳃蚓、霍甫水丝蚓，软体动物的梨形环棱螺、赤豆螺，分别占总密度的38.56%、8.05%、13.98%、9.32%、4.24%、3.39%、5.51%和3.39%。生物量方面，由于软体动物个体较大，软体动物的具角无齿蚌在总生物量上占据绝对优势，达到 72.36%，中华圆田螺、梨形环棱螺、沼蛤、中国淡水蛭所占比重次之，分别为 8.65%、4.77%、2.74%、2.74%。相比之下，摇蚊幼虫和寡毛类的相对生物量比重较低，分别占 0.53%和 1.34%。从 23 个物种的出现频数来看，中国长足摇蚊、羽摇蚊、颤蚓属、克拉泊水丝蚓、苏氏尾鳃蚓、梨形环棱螺等几个种类是高邮湖最常见的种类，其在大部分采样点均能采集到。综合底栖动物的密度、生物量以及各物种在 13 个采样点的出现频率，利用优势度指数确定优势种类，结果表明高邮湖现阶段的底栖动物优势种主要为中国长足摇蚊、颤蚓属、环棱螺、克拉泊水丝蚓、羽摇蚊、具角无齿蚌、中华圆田螺(按照优势度指数从高到低排序)。

密度方面，2020 年度苏氏尾鳃蚓、霍甫水丝蚓、中国长足摇蚊、环棱螺的密度分别为 1.83 ind./m^2、1.47 ind./m^2、16.67 ind./m^2、2.38 ind./m^2，与 2019 年度相比苏氏尾鳃蚓、霍甫水丝蚓、环棱螺密度分别下降了 78.94%、86.09%、73.10%，而中国长足摇蚊密度则增加了 12.58%。生物量方面，2020 年度苏氏尾鳃蚓、霍甫水丝蚓、中国长足摇蚊、环棱螺的生物量分别为 0.059 g/m^2、0.023 g/m^2、0.064 g/m^2、0.940 g/m^2，苏氏尾鳃蚓、霍甫水丝蚓、环棱螺生物量较上一年分别降低了 66.84%、67.02%、78.41%，而中国长足摇蚊生物量则升高了 47.13%。

表 6.2　2020 年高邮湖底栖动物密度和生物量

	平均密度(ind./m^2)	相对密度(%)	平均生物量(g/m^2)	相对生物量(%)	出现频数	优势度
摇蚊幼虫	—	—	—	—	—	—
羽摇蚊	3.48	8.05	0.02	0.12	11	0.90
红裸须摇蚊	1.10	2.54	0.01	0.06	5	0.13
中国长足摇蚊	16.67	38.56	0.06	0.33	33	12.83
软铗小摇蚊	0.55	1.27	0.00	0.01	1	0.01
德永雕翅摇蚊	0.37	0.85	0.00	0.01	1	0.01
寡毛类	—	—	—	—	—	—
苏氏尾鳃蚓	1.83	4.24	0.06	0.30	8	0.36
颤蚓属	6.04	13.98	0.15	0.77	20	2.95
霍甫水丝蚓	1.47	3.39	0.02	0.12	6	0.21

续表

	平均密度(ind./m²)	相对密度(%)	平均生物量(g/m²)	相对生物量(%)	出现频数	优势度
克拉泊水丝蚓	4.03	9.32	0.01	0.04	10	0.94
管水蚓	0.37	0.85	0.01	0.03	2	0.02
扁舌蛭	0.18	0.42	0.00	0.01	1	0.00
八目山蛭	0.18	0.42	0.01	0.07	1	0.00
软体动物	—	—	—	—	—	—
梨形环棱螺	2.38	5.51	0.94	4.77	12	1.23
中华圆田螺	0.92	2.12	1.70	8.65	3	0.32
长角涵螺	0.18	0.42	0.47	2.38	1	0.03
赤豆螺	1.47	3.39	0.23	1.15	4	0.18
具角无齿蚌	0.18	0.42	14.26	72.36	1	0.73
河蚬	0.18	0.42	0.20	1.03	1	0.01
拉氏蚬	0.18	0.42	0.43	2.18	1	0.03
沼蛤	0.18	0.42	0.54	2.74	1	0.03
中国淡水蛏	0.18	0.42	0.54	2.74	1	0.03
其他	—	—	—	—	—	—
异钩虾属	0.37	0.85	0.00	0.01	2	0.02
沙蚕	0.73	1.69	0.02	0.12	3	0.05

注:相对密度和相对生物量分别为某一物种占总密度和总生物量的百分比,出现频数为某物种在所有采样点中的出现次数,优势度指数=(相对密度+相对生物量)×出现频数

从高邮湖底栖动物密度和生物量全年及各季度的空间分布来看,生物量较密度空间差异更大(图6.1)。

从图6.1(a)可以看出,底栖动物在2020年各采样点空间密度分布相对均匀,底栖动物密度较高的采样点主要分布在高邮湖东部沿岸带以及中部水域,这些水域的底栖动物主要由寡毛类以及摇蚊幼虫组成,软体动物占比较少,这些区域正好位于高邮湖资源保留区、渔业资源繁保区以及生态养殖区附近,高邮湖底栖动物密度较大值出现在gyh-4以及gyh-2采样点,为88.10 ind./m²、69.05 ind./m²,位于高邮湖生态养殖区,此区域水生植物多样性丰富,特别是沉水型水生植物较为茂盛,湖水透明度比较高,生态环境适宜底栖动物的生长。

从图 6.1(b)可以看出，生物量区域分布特征较为明显，由于软体动物的生物量较高，高邮湖的中部水域以及西、南沿岸几个检测点，生物量较高，这些区域位于高邮湖渔业资源繁保区、生态养殖区以及资源保留区，其中软体动物占据绝对主导地位。高邮湖底栖动物最大生物量出现在 gyh-11 和 gyh-7 采样点，分别为 202.94 g/m^2 和 18.42 g/m^2，这些区域位于高邮湖资源保留区，其他生物量较高的点位于生态养殖区，主要由软体动物组成。生态养殖区内围网分布较为密集，围网有较好的消浪作用，湖底的悬浮物受风浪的影响较小，湖水透明度较高，同时此水域水生植物生长较为茂盛，利于软体动物的生长繁殖。

从图 6.1(c、e、g、i)可以看出，各个季节各采样点空间密度分布不均、差异较大，且呈季节变化趋势，冬季高邮湖底栖动物密度整体上呈高位，秋季和夏季次之，而春季底栖动物密度最低。这个与底栖动物的生活习性有关，高邮湖底栖动物主要由寡毛类、摇蚊幼虫、软体动物以及少量其他物种组成，冬季气温较低，为摇蚊幼虫等物种的繁殖期，以摇蚊幼虫为主导的高邮湖底栖动物密度较高；夏季气温最高，有利于摇蚊幼虫的羽化，对高邮湖底栖动物密度影响较大。

从图 6.1(d、f、h、j)可以看出，各个季节各采样点空间生物量受软体动物的影响较大，在各个季节的分布较为不均，且具有不确定性，这主要与软体动物的样品采集有关，软体动物个体较大，在生物量统计方面占优势，软体动物在采样点出现的不确定性导致了生物量分布的不确定性，除去软体动物的影响，生物量的分布与密度相类似，最高值主要分布在淮河入江水道入湖口附近以及高邮湖的中南部水域，软体动物主要分布在高邮湖的中南部水域，生物量在夏季较其他季节总量要小。

密度方面：2020 年度底栖动物寡毛类、摇蚊幼虫和软体动物的全年平均密度分别为 14.10 ind./m^2、22.16 ind./m^2 和 2.86 ind./m^2，较上一年呈下降趋势，分别减少了 35.38%、34.89%和 50.77%。生物量方面：2020 年度底栖动物寡毛类、摇蚊幼虫和软体动物的全年平均生物量分别为 0.264 g/m^2、0.103 g/m^2 和 19.312 g/m^2，较上一年，寡毛类和摇蚊幼虫的生物量减少了 1.35%和 30.45%，但软体动物的生物量增加了 219.48%。

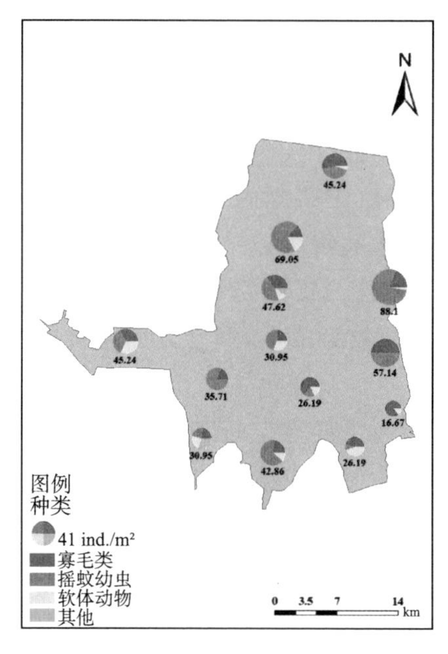

(a) 高邮湖全年平均密度(ind. /m²)

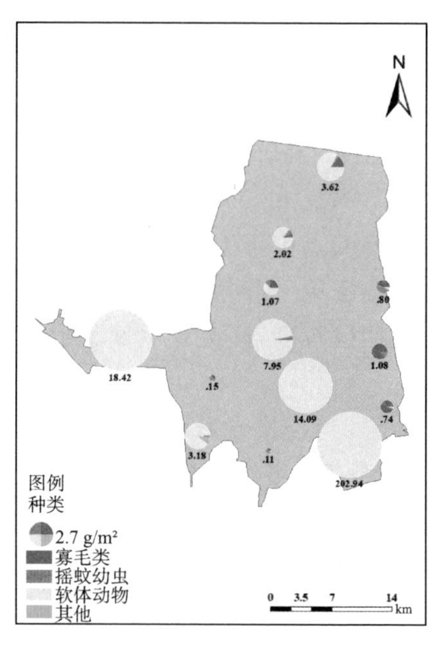

(b) 高邮湖全年平均生物量(g/m²)

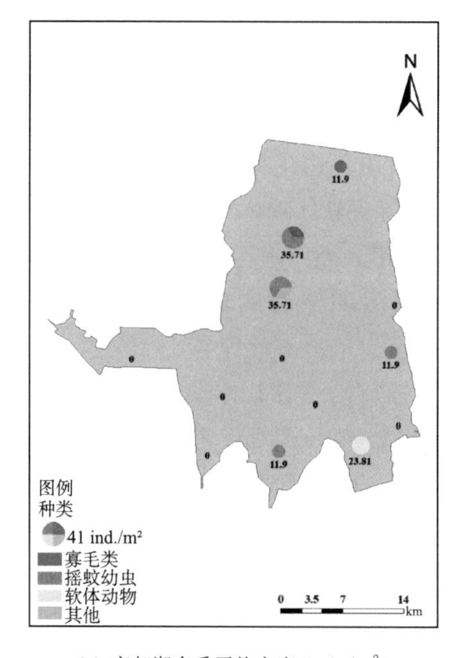

(c) 高邮湖春季平均密度(ind. /m²)

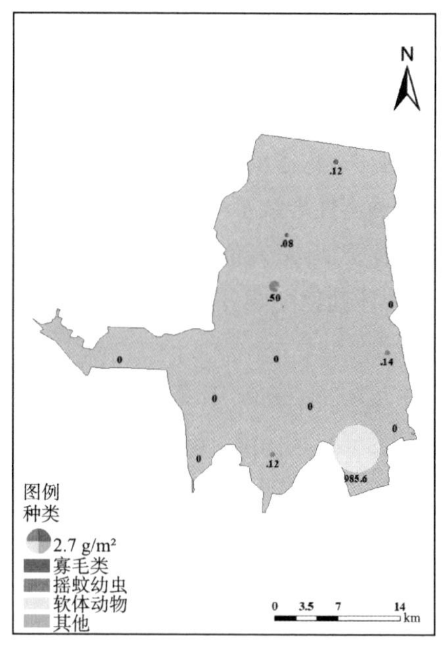

(d) 高邮湖春季平均生物量(g/m²)

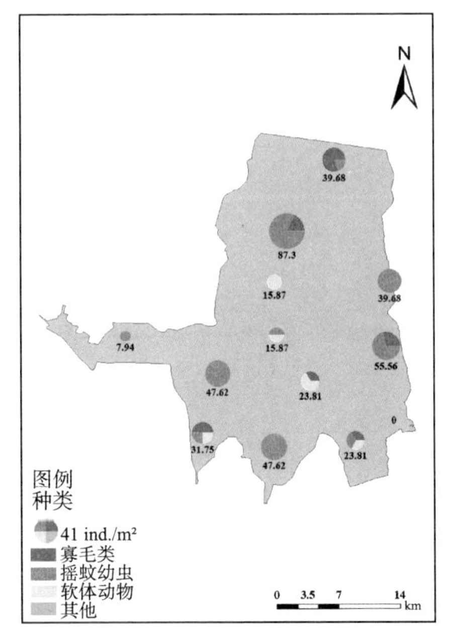

（e）高邮湖夏季平均密度(ind. /m^2)

（f）高邮湖夏季平均生物量(g/m^2)

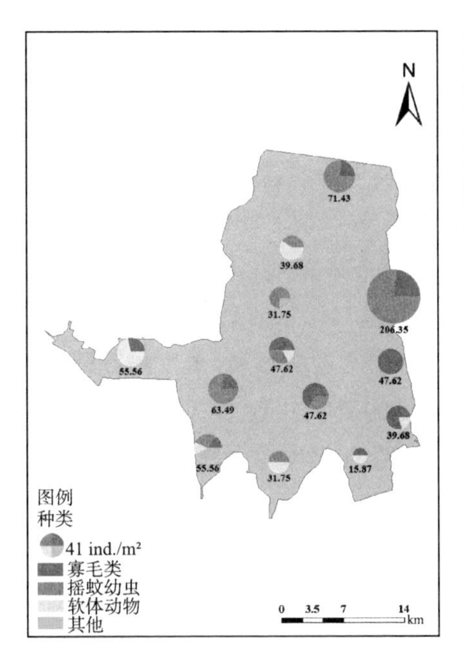

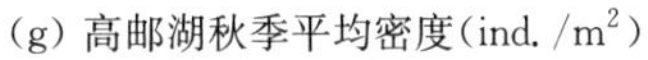
（g）高邮湖秋季平均密度(ind. /m^2)

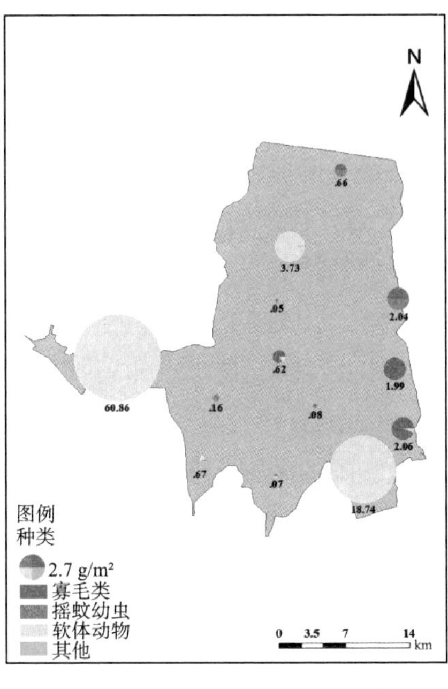

（h）高邮湖秋季平均生物量(g/m^2)

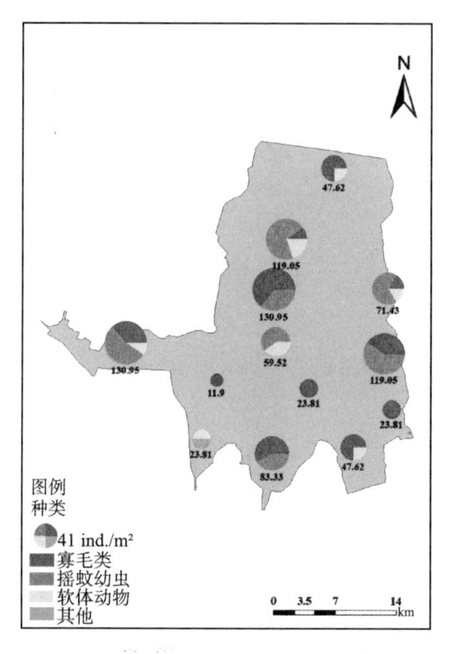

(i) 高邮湖冬季平均密度(ind. /m^2)

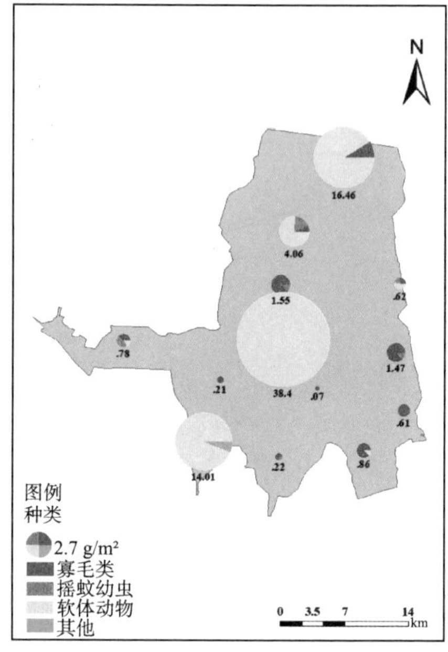

(j) 高邮湖冬季平均生物量(g/m^2)

图 6.1 2020 年高邮湖底栖动物密度(ind. /m^2)和生物量(g/m^2)空间分布格局

图 6.2 为 2020 年度高邮湖底栖动物优势种全年平均密度和生物量空间分布格局。与 2019 年度监测结果相比,高邮湖底栖动物的优势种没有发生明显变化,仍为污染指示作用较强的寡毛类物种以及生物量占据绝对优势的环棱螺。从各采样点环棱螺的分布来看[图 6.2(a)和图 6.2(b)],环棱螺的空间分布呈区域性,环棱螺样品只在高邮湖沿岸的少数采样点采集到,分布较不均匀,环棱螺作为软体动物,对生长水质环境要求较高,通过对比水质理化指标(透明度、浊度)以及水生高等植物的分布特征可以看出,湖水透明度高,水生高等植物生长茂盛的水域适宜环棱螺的生长。苏氏尾鳃蚓的空间分布[图 6.2(c)]与环棱螺相似,检测到的采样点主要位于高邮湖的东部、北部以及南部沿岸带水域,区域分布特征也比较明显。苏氏尾鳃蚓的生物量分布与密度相一致[图 6.2(d)]。作为污染性指示物种,苏氏尾鳃蚓密度以及生物量对评价高邮湖的污染状态具有很强的指示作用,苏氏尾鳃蚓主要分布在高邮湖的东部、北部及南部沿岸水域,受人类活动影响较大,说明高邮湖的污染特性主要表现为外源性。同样作为污染性指示物种,羽摇蚊的分布与苏氏尾鳃蚓差异很大[图 6.2(e)和 6.2(f)],羽摇蚊在高邮湖 12 个采样点有采集到,说明高邮湖的污染特性具有普遍性。最

大密度及生物量出现在 gyh-5、gyh-2 采样点，位于高邮湖资源保留区和生态养殖区。中国长足摇蚊[图 6.2(g)和 6.2(h)]的分布特征与羽摇蚊相类似，除 gyh-10、gyh-11 两个采样点外，其余采样点均采集到中国长足摇蚊。

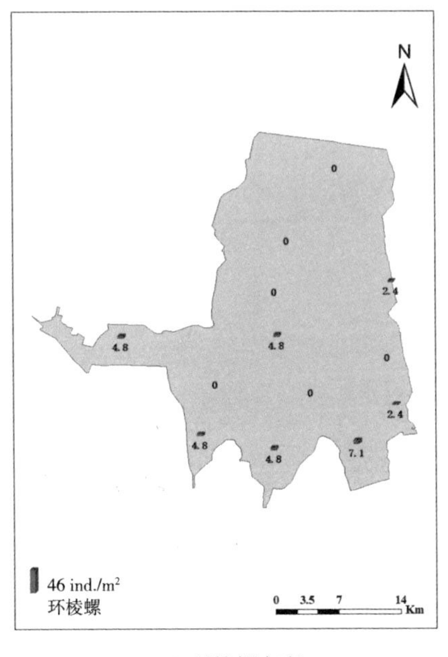

(a) 环棱螺密度

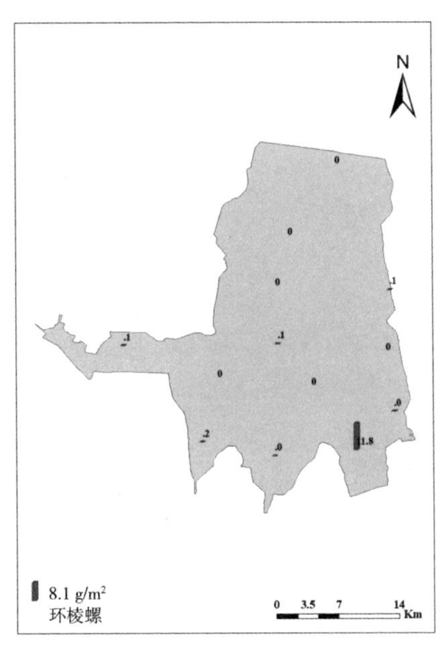

(b) 环棱螺生物量

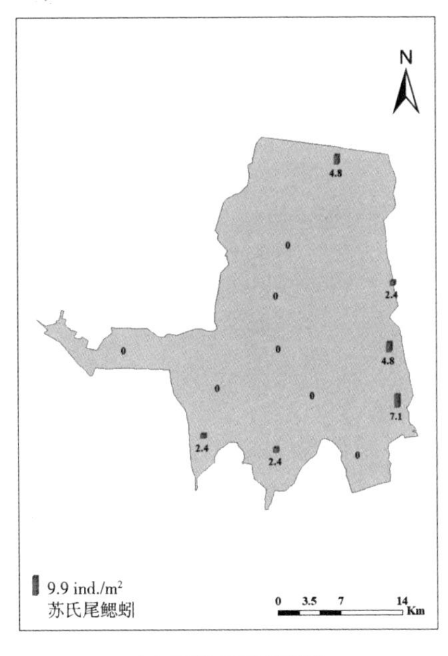

(c) 苏氏尾鳃蚓密度

(d) 苏氏尾鳃蚓生物量

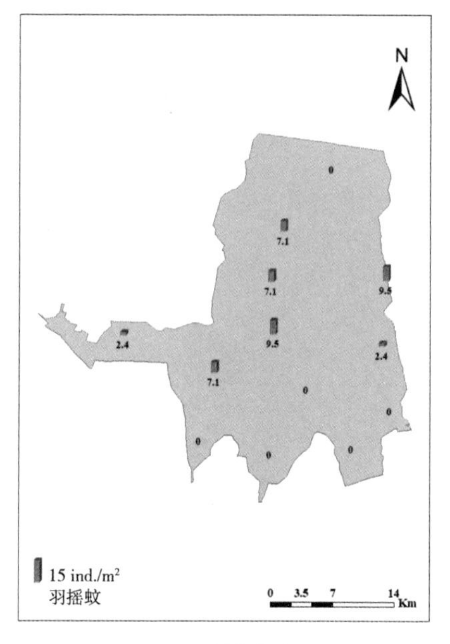

(e) 羽摇蚊密度

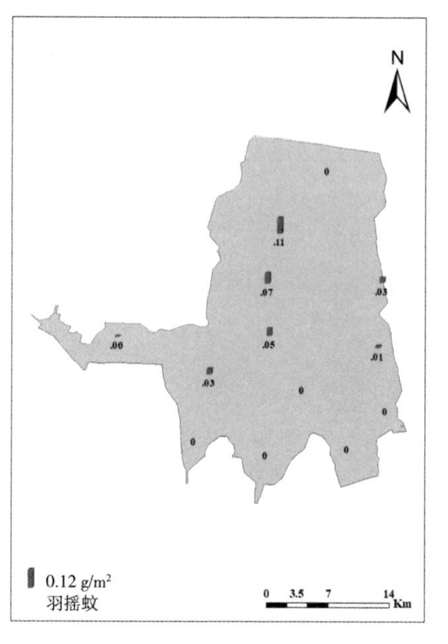

(f) 羽摇蚊生物量

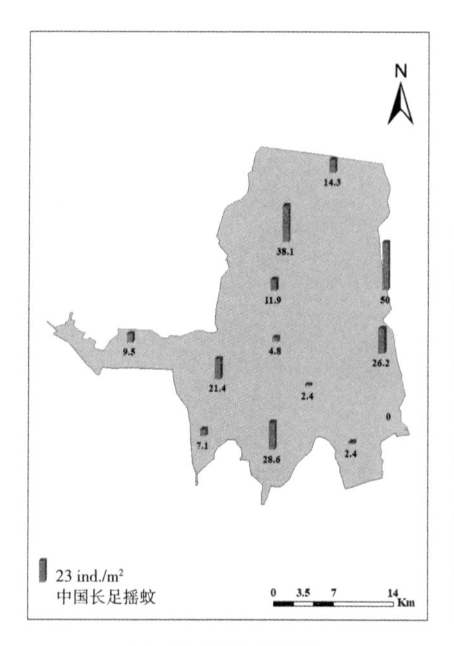

(g) 中国长足摇蚊密度

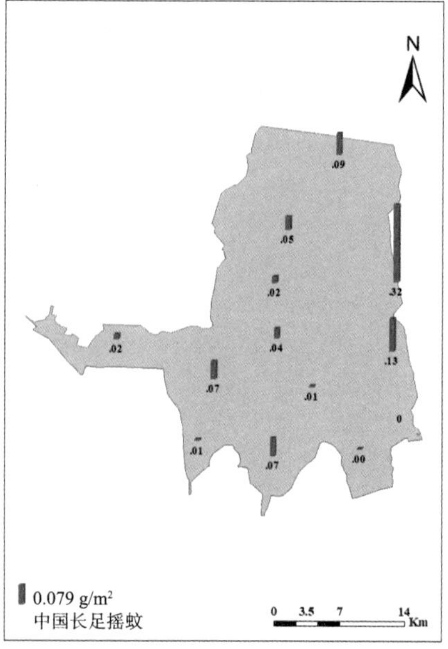

(h) 中国长足摇蚊生物量

图 6.2　2020 年高邮湖底栖动物优势种空间分布格局

6.3 群落多样性

采用 Shannon-Wiener 多样性指数和 Pielou 均匀度指数来评估底栖动物的 alpha 多样性。通过公式计算，2020 年高邮湖底栖动物群落的 Shannon-Wiener 多样性指数和 Pielou 均匀度指数结果具体如下。

2020 年高邮湖底栖动物群落的 Shannon-Wiener 多样性指数均值为 1.51，其中靠近淮河入江水道的 gyh-7 点位底栖动物多样性最高，达到 2.19，最低值出现在湖区南部的 gyh-9 样点，只有 0.97，如图 6.3 所示。

2020 年高邮湖底栖动物群落的 Pielou 均匀度指数均值为 0.28，其中靠近淮河入江水道的 gyh-7 点位底栖动物均匀度最高，达到 0.40，最低值出现在湖区南部的 gyh-9 和 gyh-12 样点，只有 0.18，如图 6.4 所示。

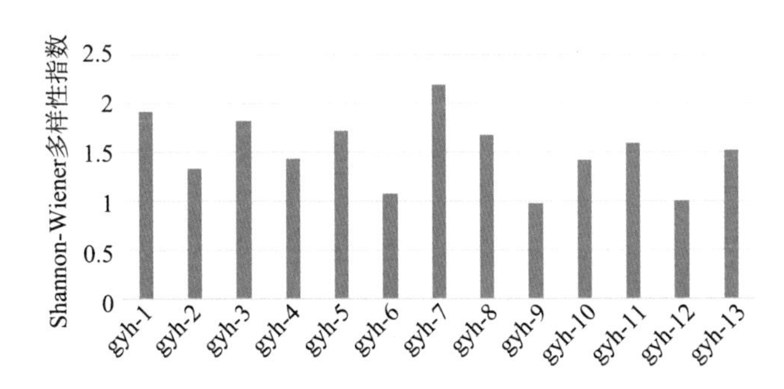

图 6.3 2020 年高邮湖底栖动物 Shannon-Wiener 多样性指数空间变化

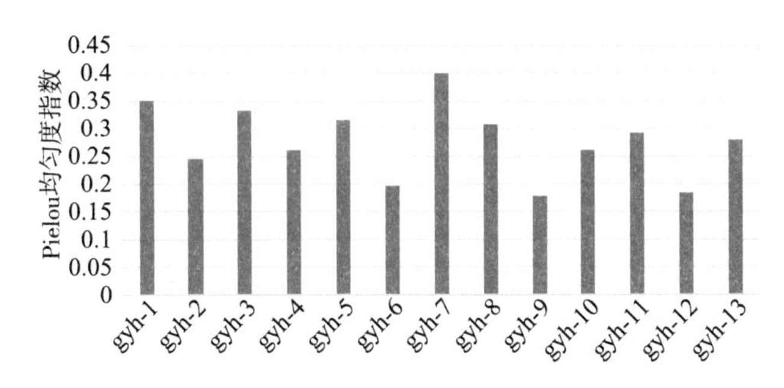

图 6.4 2020 年高邮湖底栖动物 Pielou 均匀度指数空间变化

6.4 历史变化趋势

对比2014、2016、2018、2019、2020年度高邮湖水生态监测的底栖动物差异，分别从底栖动物群落的种类数量、密度、生物量等角度对其历史变化趋势进行分析，结果如下。

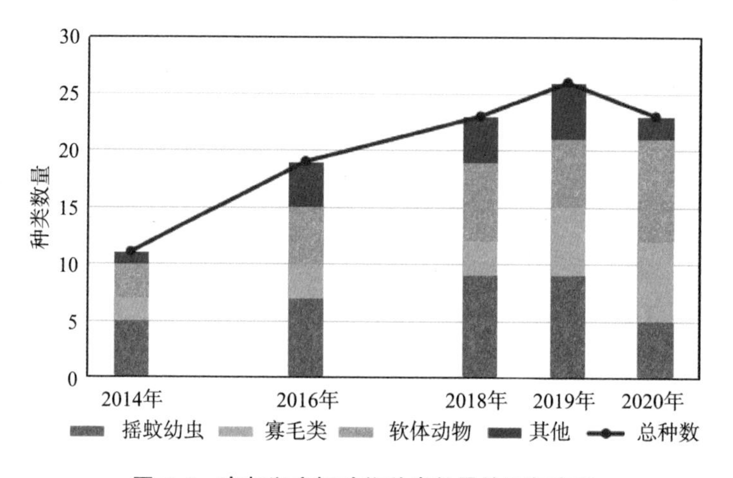

图6.5 高邮湖底栖动物种类数量的历年变化

高邮湖近几年来底栖动物种类数量的变化情况见图6.5。整体上，底栖动物种类呈现出先上升后下降的趋势，在2019年达到最高值。摇蚊幼虫、寡毛类与软体动物是底栖动物群落的主要类群，从2014到2019年间其种类呈现出显著的上升趋势。但在2020年，摇蚊幼虫可鉴定出的种类骤减，这是造成底栖动物种类下降的主要原因；相对来说，寡毛类与软体动物的种类较上一年度仍是增加的。

高邮湖近几年来底栖动物密度的变化情况见图6.6。高邮湖底栖动物密度呈现出显著下降的趋势，其中2014年度的底栖动物密度为2020年的10倍以上，2020年监测到的底栖动物密度是历年来的最低水平。摇蚊幼虫与寡毛类是底栖动物群落中的主要类群，它们在高邮湖中的密度也呈现出明显的下降趋势。

高邮湖近几年来底栖动物生物量的变化情况见图6.7。高邮湖底栖动物生物量呈现先下降再上升的变化趋势，其中2014年度的底栖动物生物量最高，接近60 g/m^2；而2019年度的生物量降到最低，2020年度的生物量较上两个年度有显著的增长趋势。这其中是由于软体动物生物量巨大，占底栖动物的总生物量比重较高，它在本年度所表现出的显著增长是底栖动物生物量变化的主要原因。

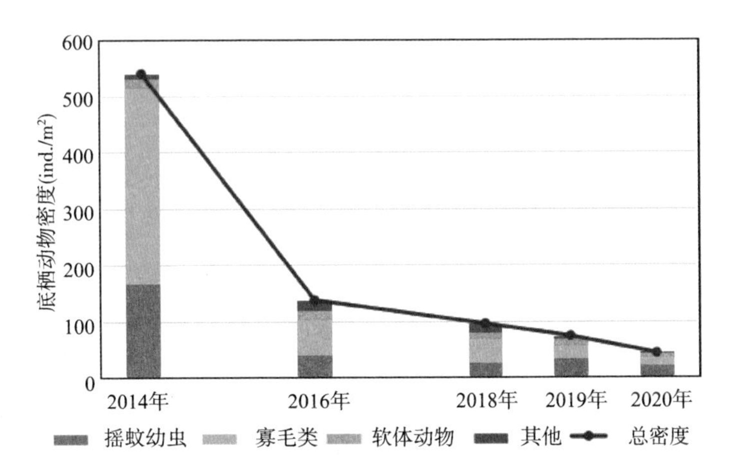

图 6.6　高邮湖底栖动物密度的历年变化

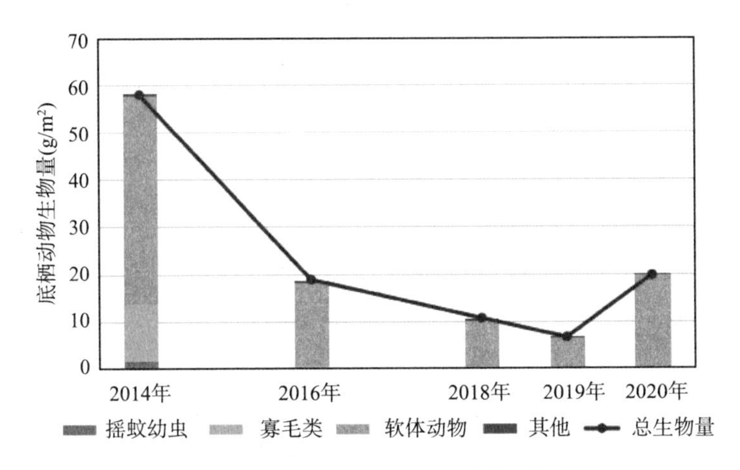

图 6.7　高邮湖底栖动物生物量的历年变化

7 鱼类资源

7.1 种类组成

历史文献资料表明,高邮湖湖区有记录鱼类共70种,其中20世纪80年代以前记录鱼类64种,隶属9目16科;以鲤科鱼类为主,共38种,占总数的59.4%。高邮湖以鲤形目鱼类占据绝对优势,共有44种,其次为鲈形目和鲇形目鱼类,分别有9种、5种。

2017年监测到鱼类36种,其中鱼类相对优势度最高的种类为鲫,居前十位的种类中,以鲫、鳙、鲤、鳊、翘嘴鲌、鲢等为常见经济鱼类为主;2018年监测到鱼类43种,鱼类多样性指数相比2016年、2017年略有升高,但2018年鱼类优势种仍然以鲫、鳊、鲤等湖泊定居性鱼类,以及鲢、鳙等放流品种为主。

2019年调查表明,当年高邮湖鱼类物种数总数达48种,为近三年最高值,但是相对历史记录,高邮湖鱼类物种多样性显著减少,群落结构日趋单一;生物量前五的优势种为鲫、鲤、短颌鲚、红鳍鲌和乌鳢,它们的数量占总渔获物的81.08%,重量占87.19%。

2022年的监测活动在高邮湖、邵伯湖和宝应湖水域采集到鱼类48种,隶属12科36属。其中鲤科鱼类35种,占调查物种总数的72.9%;其次是鲿科(3种)和虾虎鱼科(2种),分别占总数的6.3%和4.2%;银鱼科、鳀科、鲇科、鱵科、鮨科、斗鱼科、塘鳢鱼科、虾虎鱼科、刺鳅科各1种,分别占总数的2.1%。

全湖前10位优势种鱼类中,鳙、达氏鲌、鲢、鲤、鳊为增殖半增殖鱼类,其余均为自繁种类;湖鲚、鲫和鳙在各湖区的优势度也不尽相同。全湖鱼类群落生物量与密度的空间分布差异不显著,但生物多样性指数则表现为高邮湖、邵伯湖整体高于宝应湖,且全湖生物多样性水平均表现偏低。比较水产种质资源保护区与非保护区的鱼类现存量,结果显示保护区内的鱼类密度、生物量及个体大小均与非保护区接近,二者间的物种丰富度、多样性指数和均匀度水平亦无显著差异，表明随着长江十年禁渔政策的实施，保护区与非保护区间的鱼类资源均受到较好的保护，二者之间的群落结构指标开始趋于一致。此外，基于 2020—2022 年开展的高邮湖、邵伯湖和宝应湖鱼类资源持续性监测结果，初步评估出 2022 年高邮湖、邵伯湖和宝应湖渔业资源总量可达 19 300～20 600 t，该结果表明高邮湖、邵伯湖和宝应湖十年禁渔政策实施后，渔业资源恢复迅速，随着鱼类规格的增加，整体的渔业资源量得到快速增长。

2023 年利用环境 DNA(eDNA)技术明确具体高邮湖的鱼类种类信息，并综合分析鱼类的丰富度及多样性；其次开展鱼类的溯源分析，用以快速区分本土鱼种与外来鱼种；最后基于已有的鱼类 eDNA 生物量定量评估模型比选，估算高邮湖经济鱼类的生物产量，为渔业资源的有效管理提供参考。

2023 年高邮湖优势鱼种(相对丰度大于 0.1%)有大鳞副泥鳅、团头鲂、大口黑鲈、鲢、青鱼、鲫、鳊、南方拟餐。其优势鱼种在目水平上有鲤形目和鲈形目，在科水平上有鲤科、鳅科和鲌亚科。其中鲤科包括草鱼属、青鱼属、白鱼属、鲂属、鱤属、鲫属、鲢属等；鳅科包括副泥鳅属、南鳅属和刺眼鱼属；鲌亚科包括鲂属和鳊属；在种水平上包括团头鲂、鲢、青鱼、鳊和南方拟餐。如表 7.1 所示。

表 7.1　高邮湖优势鱼种

序号	优势鱼种				相对丰度(%)	本地物种	外来物种	经济鱼类	别名	淡水鱼/咸水鱼
	目水平	科水平	属水平	种水平						
1	鲤形目	鳅科	副泥鳅属	大鳞副泥鳅	14.032	√		√	大泥鳅	淡水鱼
2	鲤形目	鲌亚科	鲂属	团头鲂	4.498	√		√	武昌鱼	淡水鱼
3	鲈形目	棘臀鱼科	黑鲈属	大口黑鲈	3.172		√	√	黑鲈	淡水鱼
4	鲤形目	鲤科	鲢属	鲢	1.986	√		√	鲢子、白鲢	淡水鱼
5	鲤形目	鲤科	青鱼属	青鱼	1.408	√		√		淡水鱼
6	鲤形目	鲤亚科	鲫属	鲫	0.348	√			鲫鱼	淡水鱼
7	鲤形目	鲌亚科	鳊属	鳊	0.180	√		√	鳊鱼	淡水鱼
8	鲤形目	鲤科	拟餐属	南方拟餐	0.150		√		白条鱼	淡水鱼
9	鲈形目	沙塘鳢科	黄黝鱼属	小黄黝鱼	0.074	√				淡水鱼
10	鲤形目	鲤科	鲂属	三角鲂	0.066	√		√		淡水鱼
11	鲇形目	鲿科	黄颡鱼属	黄颡鱼	0.064		√	√	黄颊鱼	淡水鱼
12	鲤形目	鲤科	鱊属	寡鳞鱊	0.055	√				淡水鱼
13	鲤形目	鱊亚科	鳑鲏属	高体鳑鲏	0.047		√	√	鳑鲏	淡水鱼

续表

序号	优势鱼种				相对丰度(%)	本地物种	外来物种	经济鱼类	别名	淡水鱼/咸水鱼
	目水平	科水平	属水平	种水平						
14	鲤形目	鲤科	马口鱼属	马口鱼	0.045		√	√	大口扒	淡水鱼
15	鲈形目	鹦哥鱼科	鹦嘴鱼属	棕吻鹦哥鱼	0.035	√				咸水鱼
16	鲤形目	鲤科	鳙属	鳙	0.029	√		√	花鲢	淡水鱼
17	鲈形目	慈鲷科	罗非鱼属	尼罗罗非鱼	0.025		√	√	罗非鱼	淡水鱼
18	鲤形目	鲤科	华鳊属	海南华鳊	0.023	√		√	大眼鱼	淡水鱼
19	鲤形目	鱊亚科	鱊属	兴凯鱊	0.021	√				淡水鱼
20	鲤形目	鲤科	草鱼属	草鱼	0.018	√		√	混子	淡水鱼
21	鲤形目	鲤科	鲤亚属	尖鳍鲤	0.018	√		√	海鲤	淡水鱼
22	鲤形目	鲤科	鱲属	宽鳍鱲	0.018	√		√	双尾鱼	淡水鱼
23	鲈形目	鹦嘴鱼科		*Chlorurus spilurus*	0.008	√				咸水鱼
24	鲤形目	鮈亚科	半鲤属	唇䱻	0.008		√	√		淡水鱼
25	鲤形目	鳅科	南鳅属	横纹南鳅	0.008	√				淡水鱼
26	鲤形目	鳅科	刺眼鱼属	*Acantopsis ioa*	0.004	√				淡水鱼
27	鲤形目	鲤科	白鱼属	短臀白鱼	0.004	√				淡水鱼
28	鲤形目	鲤科	鲫属	*Carassius sp.* IDEA_Fish426	0.004	√				淡水鱼
29	鲈形目	太阳鱼科	黑鲈属	日鲈	0.004	√				淡水鱼
30	骨舌鱼目	驼背鱼科	铠甲弓背鱼属	饰妆铠甲弓背鱼	0.004		√		七星刀、大刀	淡水鱼
31	鲤形目	鲤科	野鲮属	巴塔野鲮	0.004		√			淡水鱼
32	鲷形目	裸颊鲷科	裸颊鲷属	长鳍裸颊鲷	0.004	√			龙尖	咸水鱼
33	鲤形目	鲤科	似鱤属	单纹似鱤	0.004	√			棍子鱼，棒子鱼	淡水鱼
34	鲤形目	鲤科	鲴属	方氏鲴	0.004	√		√	泥凡、番子鱼	淡水鱼
35	鲤形目	鱼丹科	鱲属	棘颊鱲	0.004	√		√		淡水鱼
36	鲈形目	虾虎鱼科	刺虾虎鱼属	黄鳍刺虾虎鱼	0.002	√		√	刺虎鱼，光鱼	淡水鱼

续表

序号	优势鱼种				相对丰度(%)	本地物种	外来物种	经济鱼类	别名	淡水鱼/咸水鱼
	目水平	科水平	属水平	种水平						
37	鲤形目	鲤科	鲫属	白鲫	0.002		√	√		淡水鱼
38	鲤形目	鲤科	盘鮈属	云南盘鮈	0.002	√		√		淡水鱼
39	鲤形目	鲤科	鳡属	鳡	0.002	√		√	水老虎	淡水鱼
40	鲤形目	鲤科	石川鱼属	石川鱼	0.002		√			淡水鱼
41	鲤形目	鲤科	似鳡属	细纹似鳡	0.002	√		√		淡水鱼
42	鲈形目	笛鲷科	笛鲷属	紫红笛鲷	0.002		√	√	红槽、红厚唇	淡水鱼
43	鲤形目	鲤科	麦穗鱼属	麦穗鱼	0.002	√		√	龙尖	淡水鱼
44	鲈形目	鳗虾虎鱼科	鳗虾虎鱼属	须鳗虾虎鱼	0.002		√			淡水鱼
45	鲈形目	虾虎鱼科	缟虾虎鱼属	纹缟虾虎鱼	0.002		√			咸淡水(河口)

7.2 高邮湖鱼类多样性特征

高邮湖鱼类的 α 多样性指数(Chao1 指数、香农指数、辛普森指数和均匀度指数)如表 7.2 所示。其中,高邮湖鱼类的 Chao1 指数为 21,香农指数约为 1.49,辛普森指数约为 0.66,均匀度指数约为 0.49。

表 7.2 高邮湖鱼类 α 多样性指数(97%相似水平)

样品	Chao1 指数	香农指数	辛普森指数	均匀度指数
高邮湖	21	1.49	0.66	0.49

7.3 高邮湖本土鱼类与外来鱼类特征

本书联合使用构建的江苏省重要河湖库鱼类本土物种条形码数据库和公共数据库对上覆水样品中的 eDNA 宏条形码进行比对注释,从而对高邮湖中本土鱼类和外来鱼类进行区分。在高邮湖中共检测出 45 种鱼类,隶属于 8 目 15 科 38 属。通过构建的江苏省重要河湖库鱼类本土物种条形码数据库,将本项目采集到的高邮湖所有 DNA 序列数据进行比对,共检测到本土鱼类 31 种,外来鱼类物种 14 种。

7.3.1 高邮湖本土鱼类特征

将采集到的高邮湖 DNA 序列数据进行比对，在高邮湖中共发现本土鱼类 31 种(表 7.3)，在所有类群中，鲤形目鳅科副泥鳅属大鳞副泥鳅(*Paramisgurnus dabryanus*)、鲤形目鲌亚科鲂属团头鲂(*Megalobrama amblycephala*)、鲤形目鲤科鲢属鲢(*Hypophthalmichthys molitrix*)、鲤形目鲤科青鱼属青鱼(*Mylopharyngodon piceus*)、鲤形目鲤亚科鲫属鲫(*Carassius auratus*)(图 7.2)为优势种，其相对丰度在高邮湖所有本土鱼类中分别占比 61.36%、19.67%、8.69%、6.16%和 1.52%。其他本土鱼类包括鲤形目鲌亚科鳊属鳊(*Parabramis pekinensis*)、鲈形目沙塘鳢科黄黝鱼属小黄黝鱼(*Micropercops swinhonis*)、鲤形目鲤科鲂属三角鲂(*Megalobrama terminalis*)、鲤形目鲤科鱊属寡鳞鱊(*Acheilognathus hypselonotus*)等。

图 7.2 高邮湖主要本土鱼类物种

表 7.3　高邮湖本土鱼类物种名录

序号	目	科	属	种
1	鲤形目	鳅科	副泥鳅属	大鳞副泥鳅
2	鲤形目	鲌亚科	鲂属	团头鲂
3	鲤形目	鲤科	鲢属	鲢
4	鲤形目	鲤科	青鱼属	青鱼
5	鲤形目	鲤亚科	鲫属	鲫
6	鲤形目	鲌亚科	鳊属	鳊
7	鲈形目	沙塘鳢科	黄黝鱼属	小黄黝鱼
8	鲤形目	鲤科	鲂属	三角鲂
9	鲤形目	鲤科	鱎属	寡鳞鱎
10	鲈形目	鹦哥鱼科	鹦嘴鱼属	棕吻鹦哥鱼
11	鲤形目	鲤科	鳙属	鳙
12	鲤形目	鲤科	华鳊属	海南华鳊
13	鲤形目	鱎亚科	鱎属	兴凯鱎
14	鲤形目	鲤科	草鱼属	草鱼
15	鲤形目	鲤科	鲤亚属	尖鳍鲤
16	鲤形目	鲤科	鱲属	宽鳍鱲
17	鲈形目	鹦嘴鱼科		*Chlorurus spilurus*
18	鲤形目	鳅科	南鳅属	横纹南鳅
19	鲤形目	鳅科	刺眼鱼属	*Acantopsis ioa*
20	鲤形目	鲤科	白鱼属	短臀白鱼
21	鲤形目	鲤科	鲫属	*Carassius* sp.
22	鲈形目	太阳鱼科	黑鲈属	日鲈
23	鲷形目	裸颊鲷科	裸颊鲷属	长鳍裸颊鲷
24	鲤形目	鲤科	似鱤属	单纹似鱤
25	鲤形目	鲤科	鲴属	方氏鲴
26	鲤形目	鱼丹科	鱲属	棘颊鱲
27	鲈形目	虾虎鱼科	刺虾虎鱼属	黄鳍刺虾虎鱼
28	鲤形目	鲤科	盘鮈属	云南盘鮈
29	鲤形目	鲤科	鱤属	鱤

续表

序号	目	科	属	种
30	鲤形目	鲤科	似鳅属	细纹似鳅
31	鲤形目	鲤科	麦穗鱼属	麦穗鱼

7.3.2 高邮湖外来鱼类特征

在高邮湖中共发现外来鱼类物种 14 种(表 7.4),在所有类群中,鲈形目棘臀鱼科黑鲈属大口黑鲈(*Micropterus salmoides*)、鲤形目鲤科拟餐属南方拟餐(*Pseudohemiculter dispar*)、鲇形目鲿科黄颡鱼属黄颡鱼(*Tachysurus fulvidraco*)、鲤形目鱊亚科鳑鲏属高体鳑鲏(*Rhodeus ocellatus*)、鲤形目鲤科马口鱼属马口鱼(*Opsariichthys bidens*)为优势种,其相对丰度在高邮湖所有外来鱼类物种中分别占比 89.87%、4.26%、1.83%、1.33%和 1.27%。在高邮湖中,还存在外来物种包括鲈形目慈鲷科罗非鱼属尼罗罗非鱼(*Oreochromis niloticus*)、骨舌鱼目驼背鱼科铠甲弓背鱼属饰妆铠甲弓背鱼(*Chitala ornata*)、鲤形目鲤科野鲮属巴塔野鲮(*Labeo bata*)等。

图 7.3 高邮湖主要外来鱼类物种

表 7.4 高邮湖外来鱼类物种名录

序号	目	科	属	种
1	鲈形目	棘臀鱼科	黑鲈属	大口黑鲈
2	鲤形目	鲤科	拟鳌属	南方拟鳌
3	鲇形目	鲿科	黄颡鱼属	黄颡鱼
4	鲤形目	鱊亚科	鳑鲏属	高体鳑鲏
5	鲤形目	鲤科	马口鱼属	马口鱼
6	鲈形目	慈鲷科	罗非鱼属	尼罗罗非鱼
7	鲤形目	鮈亚科	半鲤属	唇䱻
8	骨舌鱼目	驼背鱼科	铠甲弓背鱼属	饰妆铠甲弓背鱼
9	鲤形目	鲤科	野鲮属	巴塔野鲮
10	鲤形目	鲤科	鲫属	白鲫
11	鲤形目	鲤科	石川鱼属	石川鱼
12	鲈形目	笛鲷科	笛鲷属	紫红笛鲷
13	鲈形目	鳗虾虎鱼科	鳗虾虎鱼属	须鳗虾虎鱼
14	鲈形目	虾虎鱼科	缟虾虎鱼属	纹缟虾虎鱼

7.4 高邮湖经济鱼类生物量定量评估

7.4.1 高邮湖经济鱼类识别

高邮湖鉴定出的鱼类中经济鱼类共 5 目 9 科 23 属 24 种。其中丰度高于 0.1%的优势鱼种经济鱼类 7 种，主要经济鱼类有鲤形目鳅科副泥大鳞副泥鳅(*Paramisgurnus dabryanus*)(54.76%)、鲤形目鲌亚科大鳞鲂属团头鲂(*Megalobrama amblycephala*)(17.55%)、鲈形目棘臀鱼科黑鲈属大口黑鲈(*Micropterus salmoides*)(12.38%)、鲤形目鲤科鲢属鲢(*Hypophthalmichthys molitrix*)(7.75%)、鲤形目鲤科青鱼属青鱼(*Mylopharyngodon piceus*)(5.49%)、鲤形目鲤科鲫属鲫(*Carassius auratus*)(1.36%)和鲤形目鲌亚科鳊属鳊(*Rhodeus uyekii*)(0.7%)(图 7.4)。

图 7.4　高邮湖优势经济鱼类优势种

7.4.2　经济鱼类生物量估计

检测到高邮湖鱼类生物总量约为 12 264 尾。如表 7.5 所示，识别出的经济鱼类相对丰度的总占比为 25.98%，预估经济鱼类生物总量约为 3 194 尾。据《江苏省水生生物资源与渔业水域环境状况公报》报告省内重点湖泊鱼类平均体重为 72.9 g/尾，可估算高邮湖经济鱼类总重约为 232.33 kg。具体经济鱼类数量信息如表 7.5 所示。(注:部分计算数量不足 1 尾的鱼类按 1 尾计)

表 7.5　高邮湖经济鱼类数量

序号	种	目	科	属	数量(尾)
1	大鳞副泥鳅	鲤形目	鳅科	副泥鳅属	1 721
2	团头鲂	鲤形目	鲌亚科	鲂属	552
3	大口黑鲈	鲈形目	棘臀鱼科	黑鲈属	389
4	鲢	鲤形目	鲤科	鲢属	244
5	青鱼	鲤形目	鲤科	青鱼属	173
6	鲫	鲤形目	鲤亚科	鲫属	43
7	鳊	鲤形目	鲌亚科	鳊属	22

续表

序号	种	目	科	属	数量(尾)
8	三角鲂	鲤形目	鲤科	鲂属	8
9	黄颡鱼	鲇形目	鲿科	黄颡鱼属	8
10	高体鳑鲏	鲤形目	鱊亚科	鳑鲏属	6
11	马口鱼	鲤形目	鲤科	马口鱼属	6
12	鳙	鲤形目	鲤科	鳙属	4
13	尼罗罗非鱼	鲈形目	慈鲷科	罗非鱼属	3
14	海南华鳊	鲤形目	鲤科	华鳊属	3
15	草鱼	鲤形目	鲤科	草鱼属	2
16	尖鳍鲤	鲤形目	鲤科	鲤亚属	2
17	唇䱻	鲤形目	鮈亚科	半鲤属	1
18	方氏鲴	鲤形目	鲤科	鲴属	1
19	棘颊鱲	鲤形目	鱼丹科	鱲属	1
20	黄鳍刺虾鱼	鲈形目	虾虎鱼科	刺虾虎鱼属	1
21	鳡	鲤形目	鲤科	鳡属	1
22	细纹似鳡	鲤形目	鲤科	似鳡属	1
23	紫红笛鲷	鲈形目	笛鲷科	笛鲷属	1
24	麦穗鱼	鲤形目	鲤科	麦穗鱼属	1

鱼类生物量的估算方法如下：

$$y = 72.087x + 81.978$$

其中 y 为 eDNA 的检测浓度(copies / L)，x 为鱼类预估生物量(尾)，该模型 R^2 高达 0.933 8，可以有效用于 eDNA 浓度对鱼类生物量进行定量评估。

8 水生生物的环境响应特征

8.1 浮游植物生物学指数

浮游植物可以作为生物指标来指示水质，因为浮游植物的种群结构变化是水环境演变的直接结果之一。由于能迅速响应水体环境变化，且不同浮游植物对有机质和其他污染物敏感性不同，因而可以用藻类群落组成来判断不同水域水质状况和水体健康程度。一般来说，浮游植物的多样性越高，其群落结构越复杂，稳定性越大，水质越好；而当水体受到污染时，敏感型种类消失，多样性降低，群落结构趋于简单，稳定性变差，水质下降。

利用浮游植物多样性指数和均匀度指数对高邮湖水体进行水质评价。规定Shannon-Wiener多样性指数值 $\overline{H}$ 大于3.0为无污染或清洁，2～3为轻度污染，1～2为中度污染，小于1为重度污染；Pielou均匀度指数小于0.3为重度污染，0.3～0.5为中度污染，0.5～0.8为轻度污染，大于0.8为清洁。

高邮湖历年多样性指数、均匀度指数的比较见表8.1。结合2018—2020年数据，高邮湖由中度污染状态转为轻度污染状态。

表8.1 利用浮游植物评价高邮湖水质

		2018年	2019年	2020年
Shannon-Wiener多样性指数	指数	1.67	1.86	2.19
	评价结果	中度污染	中度污染	轻度污染
Pielou均匀度指数	指数	0.75	0.69	0.70
	评价结果	轻度污染	轻度污染	轻度污染

虽然生物指标的数据对水质评价具有一定的参考意义，但应结合水质数据进行综合评价才更为准确。

8.2 浮游动物生物学指数

轮虫发育时间快，生命周期短，能较为迅速地反映环境的变化，被认为是很好的指示生物，一般可根据湖泊中轮虫的种类和数量来推测湖泊营养型的变化。有关轮虫的指示种，不同的学者有不同的观点，但对多数轮虫指示种类的观点是一致的。一般认为，富营养湖泊典型指示种类为：臂尾轮虫属、裂足轮虫、暗小异尾轮虫、长三肢轮虫、螺形龟甲轮虫、矩形龟甲轮虫、沟痕泡轮虫、裂痕龟纹轮虫、圆筒异尾轮虫、真翅多肢轮虫。Sladecek 根据臂尾轮虫 B 多是属于富营养型种，异尾轮虫 T 多是贫营养型种，提出了常用于评价水质营养情况的 B/T 指数。

B/T=B(臂尾轮虫属的种数)/T(异尾轮虫属的种数)。当 B/T<1 时，为贫营养型湖泊；当 B/T 在 1～2 之间时，为中营养型湖泊；当 B/T>2 时，为富营养型湖泊。

2018—2020 年高邮湖浮游动物 $Q_{B/T}$ 值年际变化见图 8.1。2018 高邮湖各样点的 $Q_{B/T}$ 值分布范围在 1.60～3.40，均值为 2.24；2019 年 $Q_{B/T}$ 值分布范围在 1.00～5.00，均值为 2.01；2020 年 $Q_{B/T}$ 值分布范围在 1.00～3.00，均值为 2.04。所以从浮游动物 $Q_{B/T}$ 值来看，高邮湖整体上为富营养型湖泊。

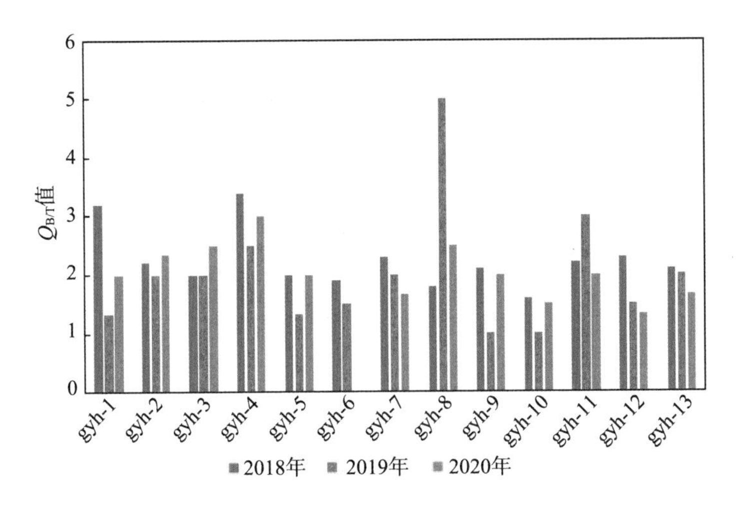

图 8.1 2018—2020 年高邮湖浮游动物 $Q_{B/T}$ 值年际变化

8.3 底栖动物生物学指数

底栖无脊椎动物个体较大，寿命较长，活动范围小，对环境条件改变反应灵敏，能够准确反映水质质量状况，是监测污染、评价水质的理想的指示生物。通过对底栖无脊椎动物群落结构调查研究，可以客观地分析和评价湖泊营养状况。下面采用以下几种生物指数评价高邮湖营养及污染状况。

Wright 指数，从寡毛类的密度来评价水体水质，认为密度低于 100 ind./m^2 时无污染；100～999 ind./m^2 时为轻度污染；1 000～5 000 ind./m^2 时为中度污染；而在 5 000 ind./m^2 以上时为严重污染。

各种生物指数评价标准如表 8.2 所示。

$$\text{Goodnight 生物指数} = \frac{\text{颤蚓类个体数}}{\text{底栖动物总数}} \tag{8-1}$$

$$\text{BPI 生物学指数} = \frac{\log(N_1 + 2)}{\log(N_2 + 2) + \log(N_3 + 2)} \tag{8-2}$$

式中：N_1——寡毛类、蛭类和摇蚊幼虫个体数，

N_2——多毛类、甲壳类、除摇蚊幼虫以外其他的水生昆虫个体数，

N_3——软体动物个体数。

$$\text{Shannon-Wiener 指数} = -\sum_{i=1}^{n} \frac{n_i}{N} \cdot \ln \frac{n_i}{N} \tag{8-3}$$

式中：n_i——第 i 个种的个体数目，

N——群落中所有种的个体总数。

表 8.2 各种生物指数评价标准

Goodnight 指数	BPI 生物学指数	Shannon-Wiener 指数
[0,0.6)为轻度污染 [0.6,0.8]为中度污染 (0.8,1.0]为重度污染	[0,0.1)为清洁 [0.1,0.5)为轻度污染 [0.5,1.5)为 β—中度污染 [1.5,5.0]为 α—中度污染 大于 5.0 为重度污染	[0,1.0)为重度污染 [1.0,3.0)为中度污染 大于 3.0 为轻度污染至无污染

利用 2020 年度全年十二个月的底栖动物监测数据，计算了各采样点四种生物学指数得分，并与 2019 和 2018 年度的监测结果进行对比，分别见图 8.2、图

8.3、图 8.4、图 8.5。

图 8.2 显示，2020 年高邮湖寡毛类平均密度不高，所有采样点的寡毛类密度均低于 30 ind./m^2，其中 gyh-13 采样点的寡毛类平均密度最高，为 28.57 ind./m^2，依据 Wright 指数评价标准来看，高邮湖处于无污染状态，与 2019 和 2018 年度相比，2020 年高邮湖的 Wright 指数有较大的降低。

由图 8.3 可以看出，除少数采样点外，2020 年高邮湖大部分采样点的 Goodnight 指数均小于 0.6，说明高邮湖整体处于轻度污染状态，但 gyh-10 和 gyh-12 点的底栖动物 Goodnight 指数高于 0.6。同时对比 2019 年度的监测结果，高邮湖大部分采样点的 Goodnight 指数有一定程度的上升，但对比 2018 年度的监测结果，则呈现出一定程度的下降趋势，说明高邮湖底栖动物中寡毛类占比大致维持在不到 60％的程度。

从图 8.4 可以看出，2020 年高邮湖少数采样点的 BPI 指数高于 1.5，最大值为 2.35，为 gyh-13 采样点；gyh-5、gyh-7、gyh-8、gyh-11 等采样点的 BPI 指数较低，不到 1.0。这些结果表明高邮湖整体处于中度污染状态。与 2019 和 2018 年度相比，高邮湖中北部区域部分采样点附近水域的 BPI 指数有所升高。

从图 8.5 可以看出，高邮湖 13 个采样点的 Shannon-Wiener 指数约在 1.0～2.5 之间，说明高邮湖 Shannon-Wiener 指数处于中度污染状态，与 2019 年度相比，Shannon-Wiener 指数有所下降。

可以发现，四种指数评价结果显示高邮湖现状态处于轻、中度污染时期，但与 2019 年度相比，高邮湖的生态环境改变不大。

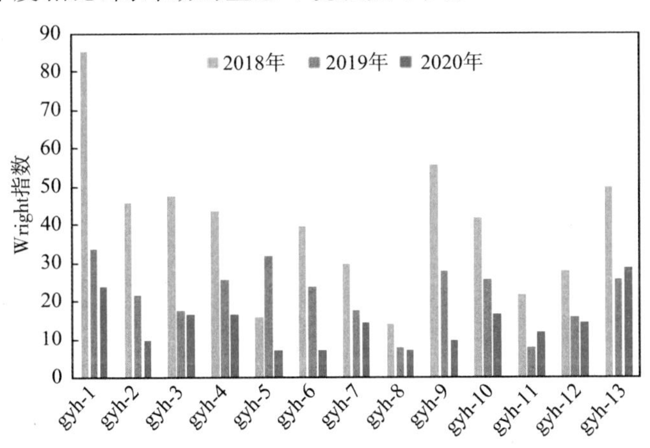

图 8.2　2018—2020 年高邮湖底栖动物 Wright 指数年际比较

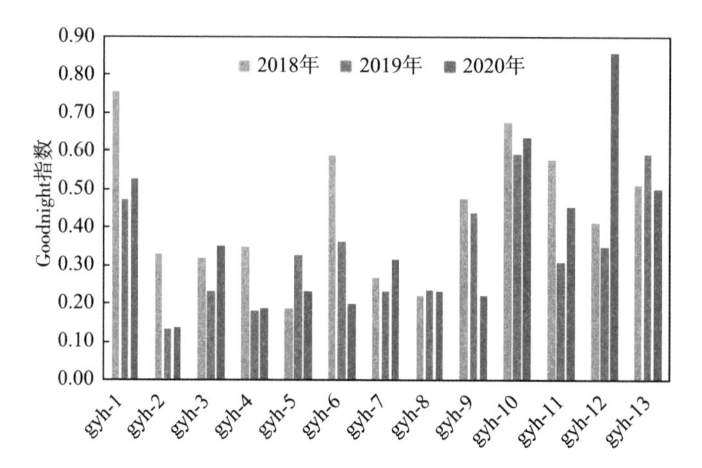

图 8.3　2018—2020 年高邮湖底栖动物 Goodnight 指数年际比较

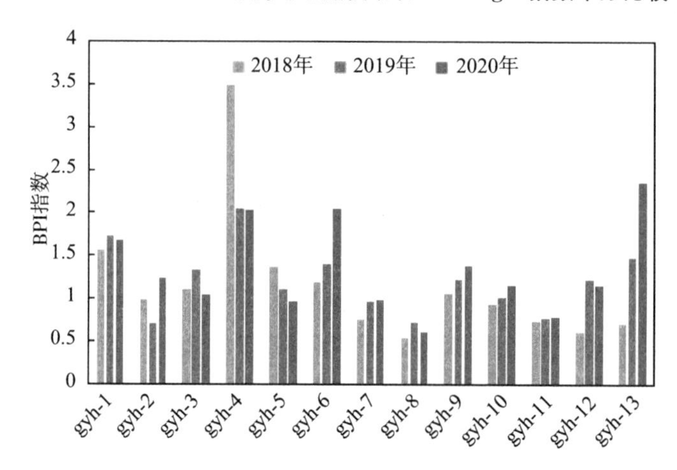

图 8.4　2018—2020 年高邮湖底栖动物 BPI 指数年际比较

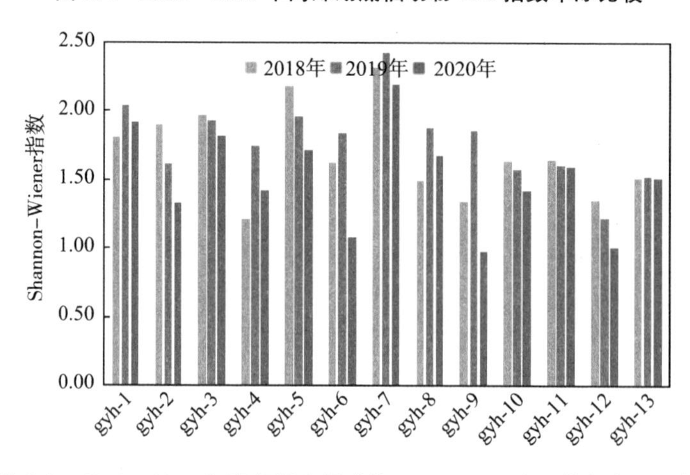

图 8.5　2018—2020 年高邮湖底栖动物 Shannon-Wiener 指数年际比较

结合四种生物指数的评价结果，同高邮湖2019、2018年度监测结果相比（表8.3），结果表明高邮湖寡毛类密度有所降低，但空间分布较为均匀，在所有采样点均采集到，与寡毛类密度相关的Goodnight指数大至呈降低的趋势，说明高邮湖底栖动物的丰度大至呈升高趋势。高邮湖底栖动物的BPI较往年有一定程度的升高，2020年度的监测结果指示出α-和β-中度污染。Shannon-Wiener指数较往年有下降，说明高邮湖的水生态环境持续性的提升趋势有所扼制。结合底栖动物种类组成和多样性分析结果，较多耐污能力较强的种类在高邮湖优势度较高，如苏氏尾鳃蚓、霍甫水丝蚓以及中国长足摇蚊等是底栖动物的优势种，说明高邮湖水生态环境目前正处于一个关键阶段，作为江苏第三大湖泊，淮河入江分流的重要通道，亦是苏北地区重要的水产养殖基地和水源地，水环境的保护及管理工作不容懈怠。

表8.3　四种生物学指数在高邮湖2018—2020年间的对比分析

生物学指数	2018年	2019年	2020年
Wright指数（ind./m^2）	40(14～85)	22(8～34)	14(7～29)
Goodnight指数	0.44(0.19～0.75)	0.34(0.13～0.59)	0.37(0.13～0.86)
BPI指数	1.16(0.53～3.49)	1.21(0.71～2.06)	1.34(0.61～2.35)
Shannon-Wiener指数	1.69(1.22～2.31)	1.79(1.34～2.42)	1.51(0.97～2.18)

9 湖泊水生态系统健康诊断

9.1 现状总结

高邮湖的水生态系统特征总结如下：

(1) 2020 年高邮湖湖区水质的主要污染物是总氮和总磷，2008—2020 年期间，总磷浓度总体较为稳定，2008 年和 2014 年总磷浓度略小，水质类别为Ⅲ类，其余各年均为Ⅳ类；总氮浓度 2008 年浓度较大，之后呈下降趋势，整体也较为稳定，2008 年、2014 年、2016—2018 年和 2020 年水质类别为Ⅳ类，其余各年均达Ⅲ类。2008—2020 年高邮湖营养状态指数整体较为稳定，一直处于轻度富营养状态，2020 年已接近中度富营养状态。

(2) 2020 年高邮湖水生高等植物种类中，挺水植物种类较多，漂浮和浮叶种类贫乏，4 月份优势种为沉水植物菹草，8 月份优势种为浮叶植物野菱和荇菜。高邮湖浮游植物中蓝藻门占据主要优势，浮游植物丰度空间差异较大，其中北部湖区丰度较高，季节上秋季丰度显著高于其他季节。高邮湖的浮游动物种群相对简单，密度主要以轮虫和原生动物为主，两者数量占总数量的 98%以上，生物量主要以由轮虫、枝角类和桡足类组成，生物量在季节上呈现春夏秋冬逐渐降低的趋势。底栖动物群落中摇蚊幼虫的密度占据优势，软体动物生物量占据绝对优势，时空上底栖动物生物量较密度空间差异更大。

(3) 结合高邮湖浮游植物、浮游动物和底栖动物历史数据对高邮湖水体进行生物评价，通过浮游植物 Shannon-Wiener 多样性指数评价高邮湖为轻、中度污染水体；通过浮游动物 $Q_{B/T}$ 值来看，高邮湖整体上为富营养型湖泊；通过底栖动物 Wright 指数、Goodnight 指数、BPI 生物学指数和 Shannon-Wiener 指数评价高邮湖为轻、中度污染水体。

9.2 保护对策及建议

针对高邮湖生态环境现状，提出以下建议：

(1) 控制过量总氮总磷进入水体。高邮湖周边地区农业种植使用的化肥、居民生活使用的含磷洗涤剂及工业污水、湖内滩地农业种植使用的化肥、湖区水产养殖的饵料等使水质恶化。淮河行洪初期上中游大量污水下泄也造成一段时期大面积水质恶化。对于以上存在的环境问题应加强入湖河流水环境治理，保障入湖河流水质。对于入湖河道的治理，可在入湖河道两侧及入湖河口建设缓冲带，大幅度减少河道两侧的高强度人为干扰，同时发挥缓冲带的氮磷拦截功能，将沿河的农田径流进一步净化，保障并改善入湖河流水质。

(2) 加强对湖区与流域的水生态环境监测和湖区蓝藻的监控，2020 年秋季浮游植物的监测数据较往年呈现倍数的增长，且主要为蓝藻丰度的增长，建议在水华易暴发季节加大监测频率，不断完善监测体系和分析评估体系，并积极利用卫星遥感、自动监测、视频监控等技术，避免高邮湖在高温、水位较低的环境中滋生水华的情况。

(3) 定期对湖区水草进行打捞，4 月是菹草暴发的季节，应及时组织人员对全湖区衰亡的菹草进行打捞，防止 5—6 月植物衰亡释放营养盐对水体产生污染。

(4) 针对高邮湖的现实情况，建议对高邮湖部分区域进行退圩(渔)还湖。高邮湖的养殖均为围网养殖，在养殖时大量喂养的饲料和施用的药物，家禽牲畜饲养、水生植物及漂浮物的腐烂和人类自身活动所产生的废弃物，削弱了湖荡水体自身的调节能力，湖荡内水体产生了一定程度的富营养化。针对以上状况，建议加大高邮湖湖区退渔还湖的力度，特别是金湖县境内的围网，减少围网养鱼对湖泊营养水平的影响，降低水华发生的风险。